U0149445

潘鲁生 艺术学博士，教授。现任全国政协委员、中国文联副主席、中国民间文艺家协会主席、山东工艺美术学院院长。担任中华优秀传统文化传承发展工程"中国民间文学大系出版工程"编纂出版委员会主任，国家社科基金艺术学重大项目首席专家，主持一系列国家形象设计项目。

设计的时代

潘鲁生 著

潘鲁生论文集

生活·讀書·新知 三联书店

图书在版编目(CIP)数据

设计的时代——潘鲁生论文集/潘鲁生著. —北京:
生活·读书·新知三联书店,2023.2
ISBN 978-7-108-07531-4

Ⅰ.①设…　Ⅱ.①潘…　Ⅲ.①设计学-中国-文集
Ⅳ.①TB21-53

中国版本图书馆 CIP 数据核字(2022)第 202277 号

责任编辑　麻俊生
封面设计　储　平
出版发行　生活·讀書·新知 三联书店
　　　　　(北京市东城区美术馆东街 22 号)
邮　编　100010
印　刷　江苏苏中印刷有限公司
版　次　2023 年 2 月第 1 版
　　　　2023 年 2 月第 1 次印刷
开　本　880 毫米×1230 毫米　1/32　印张　6.75
插　页　6
字　数　139 千字
定　价　48.00 元

目
CONTENTS
录

辑三 设计现象

辑四 设计实践

辑一

设计思考

设计伦理的发展进程

　　"设计"在汉语中的本意是"设想"与"计划",关系到策略的运筹与实施,如《说文》所释"设,施陈也。计,会也,算也",设计作为整体谋划,既涉及物的创造,也包含事与理的筹划。即使在社会发展进程中设计一度成为产业流程中的一个上游预设环节,也仍然具有"解决问题""寻找恰当路径"的内涵。英国设计学者约翰·克瑞斯·琼斯在《设计方法》中列举了11项"设计"的定义,包括"一种目标导向的问题解决活动""一种非常复杂理念的诠释行为""由现有事实扩展至未来可能的想象力""一种创造性活动——它涉及将前所未有的新式或有用事物加以具体实现的活动"等。而且恰恰在社会发展的驱动要素从物质资源、机械技术转变为电子信息的过程中,设计的含义也变得更加纯粹、无限度地接近其作为初始的"策略运筹"的本意。因为从人们创造"物的体系"来看,如果说手工时代的设计与物的生产和使用融为一体,工业时代的设计是现代产业链上的独立环节,那么信息时代的设计更在于多领域跨界，因为基于制造和生产物质产品的社会开始向基于服务或非物质产品的社会转型，设计需要应对并引领信息时代多媒体认知方式、非线性网络思维、对三维时空的超越、超文本辐射等一系列改变，因而更是一种综合的协作与运筹。从这个意义上说，设计即是策略，是造物的策略，是驱动生产和消费的策略，也是更深层次上文化价值观的整合、表达和传播。

阿摩斯·拉普卜特在《建成环境的意义》中提出："在所有的文化中，物质对象和人工物都被用来（通过其一些形式和非语言表达）组织社会联系；而且编码于人工物中的信息，被用作社会标志，并用作人际交流的必然组织。"或许没有什么能比设计更集中地反映社会历史文化进程中的物质形态和它背后的思潮，具体呈现生产、生活方式和更深层次上交织演化的驱动力，充分弥合艺术与科技、精英典籍与大众生活、国家意识形态与日用民生的分野，综合而生动地呈现生活的智慧。

一、设计与传统社会

在以农业、手工业为主体的相对漫长的传统社会，设计更大程度上是一种伦理的策略。设计既受到社会礼俗的规约，以不同形式呈现出传统文化、生活习俗、礼仪制度以及宗教信仰等根深蒂固的社会思想和规范，也在程式法则、工艺技巧等传承发展的过程中服务和维系着社会的礼俗规范。相对于大机械时代职业化的设计而言,传统社会的设计尚未成为独立的活动,不具有专业化、职业化、制度化的特点,而是与造物活动融为一体。如果说相对于工业时代的"自觉设计",传统社会的设计是一种"自发设计",那么社会传统礼俗发挥了重要的引导、界定和支配作用,师傅带徒弟、传子不传女等传承方式也巩固了传统礼俗对设计的支配作用。

设计作为伦理策略体现在传统社会的衣、食、住、行、用之中。如英国学者潘纳格迪斯·罗瑞德所指出,"传统最显著的作用:它决定着人工品的形式,设计者仅仅通过在余下来指明的有限空间里表达他自身,因此是传统导致了本土设计风格和自发设计特点的形成"。以服饰设计为例,被称为"衣冠王国"的古代中国,服饰之盛不仅在于绘、绣、染、织等丰富的制作工艺和对图案设计锲而不舍的追求,更在于包含伦理内容的一整套全面、细致、系统、繁复的冠服制度,其纹饰、用料等绝非单纯的审美装饰,更具有昭名分、辨等威、分贵贱、别亲疏的作用,如吉服五服以衣裳所绣纹样区分天子、诸侯、卿、大夫、士的等级秩序,丧服五服以衣服的用料和形制区分穿着者与逝者的亲疏关系。古代帝王上衣绘有日、月、星辰、山、龙、华虫六种图案,下裳绣有宗彝、藻、火、粉米、黼、黻六种图案,合为"十二章"纹,昭示的是品格和威仪。服饰设计需体现人与人之间的尊卑等级,反映亲疏远近的血缘关系,将个体纳入尊卑有序、贵贱有等的社会整体之中。同样的情况也发生在西方,其古代服饰设计深受宗教观念影响,中世纪服装色彩单调并严密遮盖身体,即是受禁欲主义思想的影响,体现了对肉体的否定和对灵魂得救的企盼。同样,拜占庭贵族的华丽服饰也与宗教思想有关,"光彩夺目,简直像镶嵌壁画般灿烂,令人感觉到它具有否定人类的抽象的、绝对的宗教性"。

服饰设计如此,饮食器用亦然。器皿的设计使用不仅关乎实用功能,还与礼俗相关。《礼记·燕义》中记载燕礼中君、卿、大夫、士、庶子所用"俎豆、牲体、荐馐,皆有等差,所以明贵贱也"。如研究者所指出,天子、诸侯、卿、大夫、士、庶人因地位不同而饮食各有等差,于是食器成了身份地位的象征,本来用于炊具的鼎便成了君主权力的象征,"问鼎"指图谋篡权,"迁鼎"则指政权灭亡。所谓"天子之器""霸王之器""君子之器",往往有详细记载和区分。"器以藏礼",器物的范式、形制以及使用,都受礼俗制度的规约和影响。

同样,建筑的设计充满了"礼"的应用与表达。中国传统建筑作为礼制建筑包含着营家、营国、营天下的尺度,宫、室、宅、陵、堂等不同空间,有着身份地位、礼乐用度的区别。天子制礼作乐、祭祀天地祖先,百姓日常起居,都有空间用度的区别和规范。此外苛守中正的空间设计原则,也与树传统、立规矩相关。如《春明梦余录》所述:"皇极殿九间,中为宝座,座旁列镇器,座前为帘,帘以铜为丝,黄绳系之,帘下为毯,毯尽处设乐……"礼仪秩序与空间装饰设计融合为一。

不仅中国传统社会的空间设计受到礼俗的规约和影响,西方亦如此。鲍德里亚分析"古典时期的布尔乔亚家具摆设"即指出,其家具摆设往往是一种装饰与抽象伦理的结合,家居空间设计反映的是父权制的权威和家庭关系:"典型的布尔乔亚室内表达了父权体制：那便是饭厅和卧房所需的整套家具。所有的家具，功能各异，但却能紧密地融合于整体中，分别以大餐橱（buffet）和（位于房中央的）大床为中心，环布散置。功能单一，无机动性，庄严巍然，层级标签。每一个房间有其特定用途，配合家庭细胞的各种功能，更隐指一个人的概念，认为人是个别官能的平衡凑合。每件家具相互紧挨，并参与一个道德秩序凌驾空间秩序的整体。它们环绕着一条轴线排列，这条轴线则稳固了操守行止的时序规律：家庭对它自身永久保持的象征性的存在。在这个私人空间里，每一件家具、每一个房间，又在它各自的层次内化其功能，并穿戴其象征尊荣——如此，整座房子便圆满完成家庭这个半封闭团体中的人际关系整合。"显然，空间的设计以及物的关系反映的是人的关系。

此外，出行所用车马阵仗的设计同样遵循相应的礼法规范，史书中"舆服制"对车制差异做出规定，如《金史·舆服》所述："古者车舆之制，各有名物表识，以祀以封，以田以戎，所以别上下、明等威也。历代相承，互有损益。"

传统社会的设计虽与手工造物的过程融为一体，但并无过多的造物者个人的色彩，而是深深受到社会传统的规约。所以历史上记述手工艺设计的技术文献《考工记》被列入《周礼》，设计具有鲜明的礼制色彩。如《考工记·玉人》对玉器形制、装饰、尺寸等的区分依循的是人的身份差别和礼俗规范："圭璧五寸，以祀日月星辰。璧琮九寸，诸侯以享天子。谷圭七寸，天子以聘女。""镇圭尺有二寸，天子守之。命圭九寸，谓之桓圭，公守之。命圭七寸，谓之信圭，侯守之。"如潘纳格迪斯·罗瑞德指出:"既然传统决定着问题的构成,那它就限制着目的的偶发性;既然传统决定着何种材料可以进入设计者考虑的视野之中,那它则限制着制作的偶发性;既然传统决定着设计者感知境遇的方式,那它则限制着起因的偶发性。"在个体创造力受到限制的同时,传统社会的设计也以集体性的、传承性的形式形成了极为突出的本土风格和特色,具有鲜明的标识度。设计作为一种伦理策略与社会思想、习俗以及与物的形态整体化的融合,并作为民族、地域的"物的系统"内嵌于整个社会进程中,承载了相应历史阶段里人类文明方方面面的内容,具有丰富的包容性。

值得指出的是,在传统社会里,设计作为一种伦理策略,不仅以物化的形式体现人与人之间的伦理规范,而且包含生态伦理的内容。最有代表性的莫过于《考工记》"天时、地气、材美、工巧"的设计系统观。例如,遵循自然规律,"弓人为弓""取六材必其时""冬析干则易,春液角则和,夏治筋则不烦,秋合三材则合,寒奠体则张不流"。"舆人为车",用材讲究"直者如生焉,继者如附焉。凡居材,大与小无并,大倚小则摧,引之则绝""斩毂之道,必矩其阴阳,阳也者,稹理而坚;阴也者,疏理而柔"。

整体上说,传统社会里设计作为造物活动,更大程度上体现的是社会礼俗的规约,是集体的、传承的,缺少个体的、创意的内容。当手工时代发展到机械时代,设计发生了多元化的裂变,它成为整个造物体系中一个独立的、预设的环节,并与消费发生更紧密的联系,设计中的符号意义有了深刻变化,左右设计发展的不再是传统礼俗,而是变动不息的消费市场,设计的符号意味不再指向宗法伦理和宗教信仰,而往往与消费和市场相关,更大程度上成为驱动消费的策略。

二、设计与现代社会

工业革命引发生产方式和生活方式的深刻变革,形成现代生产、流通、分配经济体系,设计不再是手工业时代融合为一的造物过程,而是现代产业链上游一个独立的环节,作为制造的上游程序具有专业化、制度化、程序化的特征。设计人才由学校培养,摆脱了"世代单传""传男不传女""传长不传幼"的传习模式,从以往行会、手工作坊等经验传承方式中解放出来。设计不再受制于无形的"传统之手",不是凭借经验和传统行事,在创新成果的法律保护下,其知识积累和技术进步直接与市场效益和市场范围相关,设计具有了前所未有的创新活力。一系列新发明、新技术、新工艺先后问世,带来了生产力的巨大发展。设计既在产业革命中获得了独立、自觉的地位,也进一步释放创新能量,与产业发展互为影响和推动。

在这一系列改变中,市场与消费无疑对设计产生了最深刻最重要的改写。鲍德里亚关于"消费社会"的分析指出,"今天,在我们的周围,存在着一种由不断增长的物、服务和物质财富所构成的惊人的消费和丰盛现象。它构成了人类自然环境中的一种根本变化。恰当地说,富裕的人们不再像过去那样受到人的包围,而是受到物的包围"。人们生活在物的时代,"在以往所存的文明中,能够在一代一代人之后存在下来的是物,是经久不衰的工具或建筑物,而今天,看到物的产生、完善与消亡的却是我们自己"。

设计大范围地成为刺激消费的策略始于 20 世纪 30 年代,其时生产过剩的经济危机预示着生产社会向消费社会的转化。为刺激消费,设计成为企业生存的重要支撑,通过设计来提升产品和企业的竞争力成为企业的普遍共识。所以雷蒙德·罗威对可口可乐的设计带来了巨大的商业利润,"在一个强调商品竞争、以设计创意引导消费为核心的经济运作机制中,设计比其他任何工具在经济发展中都更具有杠杆的作用,而且设计作为经济发展和竞争的关键性因素"。

正是在这样的背景下,"有计划地废止制度"产生,其内容在于"一是功能性废止,即使新产品具有更多、更新的功能,从而替代老产品。二是款式性废止,即不断推出新的流行风格式样和款式,致使原来的产品过时而遭消费者丢弃。三是质量性废止,即在设计和生产中预先限定使用寿命,使其在一定时间后无法再使用。总之,其目的在于以人为方式有计划地迫使商品在短期内失效,造成消费者心理老化,促使消费者不断更新、购买新的产品"。这种推陈出新刺激消费的设计观念很快波及几乎所有的产品设计领域,而随着设计从产品造型发展成为系统设计、服务体验设计,设计更从面向单一消费需要,发展为消费系统的整合方式以及消费价值和消费意义的构建策略。

三、设计与当代社会

20 世纪 90 年代，人类开始进入一个新的时代——信息化社会时代。如果说工业社会是有形的物质和能源创造价值的社会，是以物质生产和物质消费为主的社会，那么，信息社会则是"无形的信息和知识创造价值的社会，是以精神生产和精神消费为主的知识社会"。无形的信息成为比物质和能源更为重要的资源。"在信息技术快速发展的推动下，通过信息资源与物质、能量资源相结合，创造出各种智能化、信息化、网络化的生产工具，促使信息经济活动迅速扩大，逐渐取代工业生产活动而成为国民经济活动的主要内容。"设计的作用也在发生改变。

首先，在战略层面，设计的根本目标不再是增进工业、商业等物质繁荣以获取更大的效益和更强的实力，而是着眼于文明进步和社会发展，全面协调促进生态和谐、推动经济发展方式转变、促进文化繁荣、优化生活方式，简言之，是"使生活更加美好"。如社会学、经济学研究所指出的，"在文明早期，城市发展的重心主要在物质文明与政治文明。在当代城市的发展中，基础性的'物质文明建设'与基本的'政治、法律制度建设'已不再是城市文明发展的最高理想"，和谐与幸福成为新的着眼点。尤其"城市化"问题凸显出人与自然的关系问题，诸如环境污染、住房用水资源紧张等，均促使人们进一步思考"能不能用投入较少的资源，消耗较少的环境，获得民众较多的幸福和快乐？能不能在增加发展的正效应时，更着力于减少带来的负效应？能不能使民众在增加获得物质财富幸福快乐的同时，减少其带来的污染、不可持续、社会关系紧张等痛苦，使发展的幸福和快乐效应最大化"？所以，设计要致力于降低能源消耗，减少环境污染，实现低碳、环保，促进生态和谐。设计要具有宽广的文化视野，汲取传统智慧，促进文化繁荣，推动和谐发展，而非对抗或单一模式的复制。设计也要从创意层面、从规划发展的配套机制方面推动经济发展方式转型、促进产业结构调整，在设计产业以及城市发展规划中，发挥更广泛、更切实的衔接和促进作用。总而言之，设计前所未有地成为设计本身，关注并求解人类整体的发展主题，在宏观的发展战略指引下，渗透于各个领域，发挥具体的作用。

其次，在技术层面，设计的作用在于引领科技创新。因为设计关切发展、承担使命、具有战略理念，它不再是技术的追随者，而是科技的开掘者和应用者，具有主导作用。以建筑设计为例，1851 年伦敦世博会水晶宫的建造，开启了融合新技术、新材料，以建筑表达时代精神的传统，经过机械化、标准化以及运用钢铁、玻璃、混凝土诠释"工业文明"的时代；2010 年上海世博会对超轻发电膜、大豆纤维、可回收软木、标签纸等建筑材料的集中应用，对太阳能电池板、光电集成模块、新型温室绿叶植物的广泛应用，凸显了建筑"生态时代"的到来。其进步意义在于，不是因为生产技术的提升提供了用于建筑的新技术、新材料，而是为了实现人与自然的亲善和谐、为了创造宜居生活环境而创造性地开发、运用新技术和新材料，在设计理念的导引下，科技、工艺也不只是单纯的工具，而承载了新的人文理想。

再次，在实践机制层面，设计需要跨领域协作。设计发挥着比通常意义上产品设计、展示设计更丰富的作用,体现出设计在经济转型、城市发展过程中与管理协作的战略共生关系。事实上,设计不再是单纯的工艺或艺术行为,甚至不只是设计师的行为,而是相关目标、相关主题下不同领域的综合协作。如交通系统、城市住房、能源利用、生活环境的规划中,设计是相互联系的系统,而非孤立、具体的项目环节。从这个意义上看,设计不仅需要融合科学与艺术,加强相关领域协作,更要在整体的、系统化的规划构架中发挥作用,而这种协作机制本身就是设计的战略理念和科技引领作用得以实现的保证。

如果说在社会的"现代化"进程中,随着人作为主体的独立,艺术、审美等人文领域因为关系人性的完整而拥有独立自主的内涵,那么,此时的设计也因为关切人类整体命运、关切当前的生活和可持续的未来,而获得了前所未有的独立性。高举和谐与可持续的理念,引领科技创新,通过全面高效的协作,切实促进生态与人文发展,创造更美好的生活——这也是设计发展的使命和动力,需要我们不断探索推进,真正实现设计在社会发展、文明进步中应有的责任和担当。

（原载《艺术百家》2014 年第 2 期）

价值观引领艺术设计

　　社会主义核心价值观是中华民族赖以维系的精神纽带,是社会主义先进文化的精髓,是中国时代精神的集中体现,是我们共同的价值追求。社会主义核心价值观深厚的民族性、鲜明的时代性、内在的先进性、广泛的包容性,决定了其在我国文化建设中居于主导和引领地位。习近平总书记指出,推进国家治理体系和治理能力现代化,要大力培育和弘扬社会主义核心价值体系和核心价值观。党的十九届四中全会指出,发展社会主义先进文化、广泛凝聚人民精神力量,是国家治理体系和治理能力现代化的深厚支撑。这一论述深刻阐明了坚持中国特色社会主义文化发展道路的重大原则和方向,特别是再次强调了坚持以社会主义核心价值观引领文化建设。文艺工作和文艺创作是文化建设的主阵地和核心内容。繁荣发展社会主义先进文化,就要筑牢基础,涵养源泉,坚持以社会主义核心价值观引领文艺创作,并实现与艺术教育的融合。

一、推动理想信念教育制度化，筑牢践行社会主义核心价值观的基础

理想信念决定着文化及其发展机制的政治方向和价值取向，只有建立持续有效的教育体系，才能牢牢把握社会主义先进文化前进方向。理想信念的时代性特征，决定了理想信念教育是一个常态的、不断深化的过程，其效果需要固化为制度作为保障。理想信念教育的常态化、制度化，是培育践行社会主义核心价值观的重要基础。

推动理想信念教育常态化、制度化，就要坚持马克思主义在意识形态领域的指导地位，牢牢掌握意识形态工作的主动权，大力弘扬以爱国主义为核心的民族精神和以改革创新为核心的时代精神，引导青年学生坚持爱国和爱党、爱社会主义相统一，增强国家意识和家国情怀。对于艺术院校而言，要充分发挥专业特色和优势，把推进理想信念教育常态化、制度化与专业课教学有机融合起来。以山东工艺美术学院为例，该校坚持促进思政教育与艺术创作相互融合，实施"社会主义核心价值观主题创作进课堂"工程，持续开展"为人民而设计"主题创作，在思想内容上深刻反映人民性，审美意向上充分体现民族性，艺术形式上体现发展性，工艺技术上突出前瞻性，使艺术思政真正"活"起来，让学生真正爱上思政课。

二、推动中华优秀传统文化传承发展，涵养社会主义
　　核心价值观的源泉

　　在5000多年文明发展中孕育的中华优秀传统文化，是中华民族建设文化强国的突出优势，积淀着中华民族最深层次的精神追求，蕴藏着中华民族最根本的精神基因，是中华民族独特的精神标识和气质凝聚。习近平总书记指出："要深入挖掘中华优秀传统文化蕴含的思想观念、人文精神、道德规范，结合时代要求继承创新，让中华文化展现出永久魅力和时代风采。"我们不仅要从中华优秀传统文化中汲取营养、赓续文脉、传承精神，更要和着时代的脚步与节奏，将古韵转新曲，实现中华民族优秀的文化基因与当代文化相适应、与现代社会相协调。第十四届中国民间文艺山花奖获奖作品《深圳之春》，立足于继承优秀的艺术传统基础上，以深圳改革开放巨变及粤港澳大湾区响应中央提出建设中国特色社会主义先行示范区为主题，见微知著，在方寸之间描刻了从山海之城到鹏城之春的恢宏史诗，增强了凝聚力和自信心，表达了人民对新时代的梦想和追求。

　　推动中华优秀传统文化传承发展，要高度重视传统文化教育教学与研究工作，通过挖掘优秀传统文化资源，提炼中华传统文化精髓，推出体现国家水平的优秀艺术研究成果。多年来，山东工艺美术学院一直致力于优秀传统文化资源的挖掘整理与研究工作。同时，结合高校立德树人根本任务，坚持传统艺术知识

体系构建与工匠精神培育相结合,坚持传统文化传承与当代艺术创新相结合,打造中华传统文化传承创新课程体系,努力推动传统文化的创造性转化、创新性发展,使其成为当代艺术发展的源头活水,成为涵养社会主义核心价值观的重要源泉。

三、以社会主义核心价值观引领艺术创作,增进公众的认同感和践行自觉

习近平总书记在党的十九大报告中对如何培育和践行社会主义核心价值观做出了明确指示:"发挥社会主义核心价值观对国民教育、精神文明创建、精神文化产品创作生产传播的引领作用,把社会主义核心价值观融入社会发展各方面,转化为人们的情感认同和行为习惯。"党的十九届四中全会再次强调,要把社会主义核心价值观要求体现到文化产品创作生产全过程。

培育和践行社会主义核心价值观不能停留在理论宣讲的层面,不能简单地进行理念灌输,也不能用大而空的概念性号召,而是要融入艺术创作和教育教学,深化研究阐释和宣传,强化教育引导、实践养成、制度保障,切实推进社会主义核心价值观进教材、进课堂、进头脑。全国文艺界通过不同形式积极培育和践行社会主义核心价值观,引领文艺创作,推动形成人人践行社会主义核心价值观、争当时代新人的生动局面。中宣部等组织开展的社会主义核心价值观主题微电影征集展示活动,国家广播电视总局组织的社会主义核心价值观动画短片扶持创作活动,

推出了一批主题鲜明、内涵丰富、创意新颖、制作精良的优秀短片，作品体现时代特征、突出政治导向、强化价值引领、反映群众生活、遵循传播规律，用好微电影、动画等各种载体，积极传播正能量，热情讴歌新时代。

四、坚持以精品奉献人民的价值导向，切实保障人民的文化权益

人民性是社会主义文艺的本质属性。习近平总书记强调，社会主义文艺是人民的文艺，必须坚持以人民为中心的创作导向，坚持以精品奉献人民，在深入生活、扎根人民中进行无愧于时代的文艺创造。党的十九届四中全会号召要坚持以人民为中心的工作导向，推出更多群众喜爱的文化精品。

满足人民精神文化需求，保障人民文化权益，让人民共享文化发展成果，是我国社会主义文化建设的根本出发点和落脚点。作为文艺工作者，要坚持与人民同行，始终坚持文化发展为了人民，文化发展依靠人民，文化发展成果由人民共享的根本原则，不断从人民的文化需求中发现问题，不断从人民的文化认同感、满意度中得到检验。要以双脚丈量人民广袤的生活大地，把当代人民在这片土地上新的精神面貌展现出来。近年来，中国文联、中国音协以"深入生活、扎根人民"为主题，先后组织 30 多个批次、560 多位老中青词曲作家和新兴音乐群体代表深入基层一线采风创作，活动足迹遍及革命老区、少数民族地区、边疆地区、

贫困地区。艺术家们积极响应、主动参与，走进人民生活，倾听人民心声，表达人民情感，与当地群众同生活、同劳动、同学习，深入了解人民群众生活风貌和传统历史文化，深入了解改革发展的巨大变化和突出成就，深度挖掘音乐元素，汲取创作养分，创作出了《奋进新时代》等优秀作品奉献给人民。2019 全国农民画展展出的 300 幅农民画作品，围绕美丽乡村建设主题，既有大视角、大手笔呈现改革开放 40 年来"三农"的发展变化和辉煌成就的，也有多角度、小场景展示农民生产、生活提高和共享改革开放丰硕成果的。作品不仅彰显了地域文化、民族文化、民俗文化，也勾勒出了祖国 70 年的巨变，展示了美丽的新农村、新农民、新画家的精神风貌。第十三届全国美术作品展览紧扣时代脉搏，塑造了消防员、抗洪英雄、浇筑工等当下社会的形象，呈现了近些年来中国社会的深刻变化，以宽广的镜头截取了当代中国那些发展速度最快的标志性图像，展现了中国美术界坚持与时代同步伐、以人民为中心的精神风貌，也展现了几代中国美术家深入生活，扎根人民，讴歌伟大时代，彰显中国精神的理想追求。

实践证明，只有脚下有泥土、心中有人民，坚持以社会主义核心价值观为引领，坚持以精品奉献人民，提高作品的精神高度、文化内涵、艺术价值，才能创作出经得起时代检验、焕发恒久魅力的文化艺术精品，激发起更基础、更广泛、更深厚的自信，形成更基本、更深沉、更持久的力量，从而更好构筑起中国精神、中国价值、中国力量。

（原载《中国艺术报》2020 年 1 月 15 日）

设计的民生意义

　　自古以来,中国富有民本思想,作为优秀传统文化的重要组成部分,对中国传统工艺美学产生深刻影响,形成了关于功能实用、精神追求等特有的价值取向和文化内涵。中国古代"以民为本"的思想传统中,包含"为天地立心,为生民立命,为往圣继绝学,为万世开太平"的胸怀和境界。我国改革开放 40 年,社会经济快速发展,当代生活里逐步形成中国设计风格。如果说 20 世纪六七十年代的设计,意义在于"满足我",八九十年代是"吸引我",21 世纪初到现在是"改变我",未来将是"理解我",设计作为社会的触角,反映民生需求的变化。

　　从民生角度来思考设计问题,在西方发达国家有一些好的经验。19 世纪下半叶,英国掀起工艺美术运动,其目的是复兴手工艺,为大众生产美观实用的生活产品。威廉·莫里斯作为这场运动的核心人物始终坚持"设计是为千千万万的人服务的,而不是为少数人的活动"这一原则,是民生关怀精神在设计中的早期探索。20 世纪,包豪斯创始人格罗皮乌斯希望能够为社会提供大众化的建筑、产品,使人人都能享用设计;英国艺术理论家约翰·拉斯金也强调设计的民主特性,强调设计为大众服务,反对精英主义设计。到 20 世纪 70 年代,现代主义设计提出了"设计为人"的口号,将为大众提供实用及令人愉悦的产品作为设计师更高的责任。从伦理学角度看,20 世纪 60 年代,美国设计理论家维克多·帕帕奈克提出了设计的三个主要问题:(1)设计应该为广大民众服务,而不是少数富裕国家服务。他特别强调设计应该为第三世界的人民服务;(2)设计不但为健康人服务,同时还必须考虑为残疾人服务;(3)设计应该认真地考虑地球的有限资源使用问题,设计应该为保护我们居住的地球的有限资源服务。[1]

设计系统包括人、物和环境,人是设计的主体,同时人又是设计的消费者,设计从本质上讲是人为满足需要而进行的创造行为,无论什么年代,设计的发展都应该从人的实际需求出发,今天提出"设计服务民生",在于倡导一种当前的设计价值导向,重申设计的人文关怀,同时也是从伦理学的角度提出设计师应承担的社会责任。如果回溯到古希腊人对伦理学的最初概念,即"获得幸福的生活方式",[2]那设计服务民生,便是倡导通过设计满足人们幸福的生活需要,构建和谐的生活方式,并促进社会的可持续发展。设计往往可以反映一个时代民众对社会的态度,为人民而进行的设计其实也是对社会理想的设计,相对于西方发达国家,中国仍处于现代化进程中,实现中华民族伟大复兴的"中国梦"凝聚了全体人民的憧憬和期待,在这样的社会环境下，设计服务民生，就体现出一种时代的使命担当。

一、国家战略凸显民生设计主题

当前，进入新时代，中国特色社会主义发展新战略突出民本理念，诸如"中国制造 2025""大众创业，万众创新""互联网＋""供给侧结构性改革""中华优秀传统文化传承发展工程""乡村振兴""传统工艺振兴"等一系列关乎民生的改革发展规划上升为国家战略，提出了新时代的设计命题。[3]

第一，经济发展上，设计实现创新驱动。党的十八大提出实施创新驱动发展战略，国家战略引导经济发展模式从依靠消耗自然资源、投入廉价劳动力成本、高投入、高能耗的"物质驱动"，逐步转向依靠全社会持续的知识积累、技术进步和劳动力素质提升，带动经济发展的"创新驱动"。设计在增加附加值、塑造品牌、提升市场竞争力方面具有重要意义，是实现创新驱动的综合杠杆。可以预见，经济越往前走，模仿空间越小，越需要自己创新，设计创新是必由之路。设计创意具有无处不在的生活普及性，国家战略推进文化创意和设计服务与相关产业融合发展，设计服务具备与更多产业领域跨界融合、催生裂变新型产业业态的强大功能。设计也是实施制造强国战略，促进产业升级的重要动力，为此，《中国制造 2025》提出提高创新设计能力，培育一批专业化、开放型的工业设计企业，设立国家工业设计奖，激发全社会创新设计的积极性和主动性。

第二,政治建设上,设计服务人民。党的十九大报告中,把"以人民为中心"作为新时代坚持和发展中国特色社会主义的基本方略之一。根据世界银行的数据显示,全球贫富差别仍在扩大,无论是国与国之间还是在一个国家内都是如此。社会优势资源包括设计服务不断向社会精英阶层倾斜,我们不禁发问,当绝大多数设计师都竭尽所能在为少数精英阶层服务时,有多少人关注过多数普通平民对设计的需求? 设计如何为普通大众服务,体现人民利益,反映人民愿望,维护人民权益,满足人民对美好生活的需要,已经成为新时代重要命题。从国际经验看,将设计提升为国家战略,建立激发设计效能的举国体制,是一个较为普遍的策略和趋势,特别是进入 21 世纪以来,设计在促进产业升级和文化传播、解决具体民生问题方面发挥了重要作用,成为创新经济时代国家战略选择与政策组成部分。

第三,文化发展上,设计助力创造性转化与创新性发展。党的十八大以来,国家高度重视中华优秀传统文化的历史传承和创新发展,设计是一个关键的衔接环节,应该发挥转化传承的有效作用;同时,发掘转化传统文化资源本身,也是破除设计自身瓶颈的一个有效措施。我国对外文化贸易和投资增长迅速,2016 年文化产品出口额占文化产品进出口总额的 89%,[4]输送到国外的每一件产品,都能在扩大贸易、塑造中国品牌的同时传播中华文化的国际影响力。传统文化资源既是国家文化创新的精神基因,也是国家文化主权保障发展的基石。丰厚的传统文化资源如何设计转化是一个重要命题,应该从传统文化中汲取智慧,从现代生活中把握需求,使设计有生活基础,有文化根基,助力中华优秀传统文化的创造性转化与创新性发展。只有坚定文化自信,才有设计的"中国芯"。

第四,社会发展上,设计凸显民生主题。国家推动实施精准扶贫脱贫,少数民族地区以及贫困地区的传统工艺美术承载着丰富的文化信息,"地方工艺 + 设计创意"将成为实施精准扶贫的有效途径;党的十九大报告中提出实施"乡村振兴"战略,不仅是要大力发展农村生产力,提高农民生活水平,更要遵循乡村发展规律,保留乡村的特色风貌,设计将有助于解决地方特色化发展方式缺失问题;我们正处于全面建成小康社会的决胜期,现阶段的"总体小康"是一个偏向于物质消费的过渡性小康,而"全面小康"的发展任务则是偏重于精神生产、美好生活、文化权利、生活富裕、生态良好的高标准小康。在由总体小康到全面小康社会转型中,健康、生态、高品质、定制化、文化价值追求等新消费观日渐成为主流,设计如何满足人民日益增长的美好生活需要是新时代的重要命题;现阶段,国家推动设计产业与相关产业融合发展,设计跨界促进了相关产业的发展和新市场的形成,在拉动社会就业方面发挥了独特作用。

第五,生态建设上,设计推动可持续发展。生态文明与美丽中国建设是人民群众关心的热点问题,贯彻绿色发展理念,设计应提出可持续发展的解决方案。生态设计在充分考虑功能、质量、开发周期和成本的同时,优化各相关设计因素,使得产品及其制造过程对环境的总体影响极小、资源利用率极高、功能价值最佳。当前,将清洁能源、环保材料、生物技术、资源回收等构成的绿色技术体系引入设计产业,积极发展包括节能产品设计、生态建筑设计、绿色包装设计、手工艺品设计、绿色家具设计、植物纤维织物设计等在内的生态设计产业,减少环境污染、减小能源消耗,加强产品和零部件的回收再生循环或重新利用已势在必行。关注民生、改善民生是党和国家一切工作的出发点和落脚点,作为科学与艺术、创意与实践的协同,设计应有所担当。

二、设计服务民生,积极响应国家"乡村振兴"战略

当前,国家高度重视"乡村振兴"战略的实施。2016 年底我国农村常住人口 5.9 亿,占总人口的比重 42.6%,农村户籍人口 8.1 亿,占总人口的比重 58.8%,[5] 如此庞大群体的幸福追求是不容忽视的重要问题。"乡村振兴"作为关系国计民生的重大战略,如何从设计破题? 谁来为"三农"设计? 这是当前设计界同人应该高度关注的问题。设计服务于农业、农村和农民,助推"乡村振兴",应从"产业兴旺、生态宜居、乡风文明、治理有效、生活富裕"的总要求出发。

第一,设计助推"产业兴旺"。乡村振兴,产业兴旺是重点。通过设计创意的介入与提升,可以充分发掘农村传统文化资源,在产业意义上加以构建,完善从原材料获取、创意设计到产品营销的价值创造网络,尽可能将教育研究、开发设计、加工生产和销售消费等领域有机地结合起来,形成以传统文化为核心的不断增值的产业链条,将有效创造经济产能和文化价值。

日本自 20 世纪 80 年代开始推广"一村一品"运动,从发展

初期依靠创意培育特色产品活动发展成为与创意文化、创意观光以及国际交流活动相结合的创意活动。日本设计界亦强调对传统的尊重和爱护,提出"未来设计,源于地方传统工艺""让传统工艺与思想融入现代设计,进而活化地方产业",设计与传统的结合在村落保护中发挥了支撑生产生活发展的深层作用。[6]2006 年启动的"手艺农村"项目,首次将农村手艺产业置于中国农村发展、文化生态保护以及创意经济布局的视野下开展研究,提出大力发展中国农村手艺产业的时代命题。项目提出以设计为突破口,发掘农村手艺资源,在产业意义上加以构建,创造与生产生活结合的农村文化发展方式,实现农村文化生态和产业生态并举的可持续发展,增进民众的综合文化素质,提高民众幸福指数。"手艺农村"项目,不仅启示我们以农村手艺产业为重点,开启符合国情的、新的文化产业空间;启示我们从文化构建的意义上关注农村,探索新农村建设的文化道路;而且也为应对传统村落保护、农村人口老龄化、产业升级调整过程中农民工回流等问题,提供了现实的解决方案。[7]

促进乡村产业兴旺,应立足于我国乡村文化传统,发展手艺产业,探索具有中国乡村特色、乡村属性和乡村风格的产业发展路径。具体可以在工艺美术资源丰富地区,构建"农村工艺美术合作社",在条件成熟地区探索建立传统手工艺原创生产示范基地,发展龙头企业和农民专业户合作经济组织,以手艺带农户,以农户带农村,以农村带基地,以基地带销售,发展农村手工文化产业,扶持发展手工艺特色区域品牌,推动乡村传统手工艺品品牌、企业品牌向区域文化品牌转移;同时,乡村产业发展需要融合互联网思维,"互联网+工艺"打通了生产价值链和消费价值链,从根本上拓展了传统手工艺传承传播的空间范围,传统手工艺人直接与市场对接,有效减少了中间环节,改变了传统手工艺品的产销模式,拓宽了手艺人的传统思维模式,易于传统手工艺突破地域边界,向更为广阔的空间实现传承与传播,在获得倍数收益的基础上延展传统手工艺保护与传承的新渠道。[8]

第二,设计助推"生态宜居"。近期国家主流媒体刊文批评一些地方在推进新型城镇化进程中没能很好贯彻落实绿色发展理念,文章提出:一些地方的城镇化规划缺乏长远性和系统性,生产空间、生活空间、生态空间布局不够科学合理,有的地方存在边建设边规划的现象,导致环境破坏、资源浪费。又如,有的地方没有把推进新型城镇化同完善生态治理体系很好结合起来,经济发展方式仍然比较粗放,存在城镇化建设与生态治理"两张皮"现象。[9]这种现象在乡村表现尤为明显,一段时期以来,由于缺乏科学的建设规划,盲目的"旧村改造"造成一定程度的"建设性破坏",特别是具有历史传承意义的传统村落遭到严重破坏。2010至2014年,中国传统村落文化研究中心选取"江河流域"的1033个传统村落作为样本展开考察,四年间传统村落消失461个,平均每年递减11.1%。[10]另一方面,盲目引进城市经验造成"千村一面",村镇建设跟风模仿,学习城市打造公园广场,追求洋派风格,忽略当地村落景观和自然田园山水景观的文化传承优势,导致乡村原有的空间格局遭到破坏。从内在要素看,村民对现代城市生活方式的合理追求以及对原有居住环境的不满意构成古村落保护的内部压力,村民外出务工造成的空巢现象加速村落颓败、老房子倒塌、传统习俗和生活方式后继乏人。

当前,乡村振兴战略用"生态宜居"替代"村容整洁",是在乡村建设理念方面的提升。"生态宜居"四个字蕴含了人与自然之间和谐共生的关系,是"绿水青山就是金山银山"理念在乡村建设中的具体体现。建设生态宜居的美丽乡村要更新观念,注重乡村的可持续发展,把农耕文明的精华和现代文明的精华有机结合起来,使传统村落、自然风貌、文化保护和生态宜居诸多因素有机结合在一起。在尊重自然环境,尊重历史肌理,尊重地域文化的基础上,基于县域总体规划,开展村镇设计规划。在具体实践过程中,应设计发掘和保持乡村特色化的文化风貌。借鉴国外发展经验可以看到,法国在 100 多年的城市化进程中,35 万个村庄基本没有受到破坏,保留了中世纪以来农村优美的格局和历史建筑。韩国反思 20 世纪 80 年代大兴土木建设新农村的教训,于 20 世纪 90 年代末提出"农村美化运动",恢复田园风光,重修体现地方传统文化的农舍、院落,并结合培育"一村一品"绿色食品生产和手工艺制作,发展乡村旅游活动,提高农民收入。发掘和保持乡村特色化的文化风貌,实质是对文化生态的尊重和保护,是乡村可持续发展的重要基础。我国的村镇建设工作,可充分发掘风格多样的民居资源,如沿海地区的海草房、平原地区的四合院、山区的石头屋、黄河冲积平原的平顶房等风格元素,将传承保护与建设改造相结合,突显地方文化的风格特色。[11]

第三,设计助推"乡风文明"。乡村振兴,乡风文明是保障。在社会转型发展期,农村传统文化受到现代工业文明、商品经济冲击,原有文化模式对村民思想行为的影响力和约束力减弱,原有的文化价值体系和社区记忆正在逐步消失,引发当代农村的乡风民俗、伦理道德等一系列问题。而城市"文化下乡"以及消灭"城乡差别",往往把农村当成了没有文化的区域,切断传统意义上的"乡土文化"之根,直接对文化生态构成人为破坏,引发文化的"水土流失"。

乡村是中国五千年文明传承之载体,是中国文化传承与发展之根。乡村文明的传承,影响着文化载体的续存乃至中华民族精神家园的回归与守护。传承发展农耕文明,应以设计介入,助推乡土文化景观的复建与重建。建设反映乡村耕读文化、乡情村史、乡土记忆、农民绘画、乡村活态生活、乡土主题的"乡土博物馆"等文化设施,重视具有识别价值的乡村聚落、民居住宅等"乡土景观群",使集物候节律、传统节日等与日常生产生活一体的"农业遗产带"焕发活力,进一步发展集循环农业、创意农业、农事体验于一体的"田园综合体",发挥乡土文化景观的人文辐射作用。另一方面,要尊重民俗信仰,恢复优秀的乡约民俗,增强文化凝聚力。比如云南腾冲的传统村落,家家户户有宗族和随时代更新的"天地国亲师"供奉,是当地老百姓朴素的信仰,也是民间的文化血脉,对于这种文化的凝聚力应当重视和维护。同时,专家学者可以组织志愿者,帮助开展乡村口述史整理,修家谱、族谱,留存村落记忆,增强传统村落的向心力,开展传统村落宣传,增强村民的文化优越感。

第四,设计助推"治理有效"。乡村振兴,治理有效是基础。十九大报告明确提出要"建立健全城乡融合发展体制机制和政策体系"。实现城乡协同发展,要逐步实现城乡居民基本权益平等化、城乡公共服务均等化、城乡居民收入均衡化、城乡要素配置合理化,以及城乡产业发展融合化,实现城市和乡村共生共荣,共同发展。城镇化和乡村振兴是互相促进、互相联系的命运共同体。一段时期以来,学生离开农村,青壮年进城务工,乡村精英资源流失,导致乡村社会的"空心化"、文化的"空心化"。城乡融合发展,绝不仅仅是农村的要素流向城市,城市的要素和资源也要流向农村。加强乡村人力资源建设,培育新乡贤,聚人气,能传承,有后劲,是当前乡村文化建设乃至整体振兴的一个关键。

随着"返乡下乡""引才回乡"运动在中国社会逐渐变为现实,[12]乡村中现有的新型职业农民、传承人、留守妇女以及乡村急需的城市精英人才、实用人才和"三支一扶"人员等,逐渐汇集成扎根乡村,有思想、有情怀、有能力的乡村人才队伍,成为乡村治理的重要载体,同时,城乡文化、资本和技术要素之间的相互吸引、流动,势必引发乡村创新创业热潮,推动乡村文明的复兴。我们在调研中发现,在城乡双向流动中,设计创新吸引精英下乡和资本下乡,以甘南安多藏区为例,设计师完成学业后带动知识精英回到藏区,将藏族当地手工织造技艺与牦牛绒毛纺织以及设计相结合,形成"全球化 + 在地化"的国际时尚风格,产品远销国际,带动了当地工艺文化传播和藏民生活水平提升。

第五,设计助推"生活富裕"。农民既是乡村振兴的主体,也

宣传画设计《零的突破》　潘鲁生　1985 年

是乡村振兴的受益者,要振兴乡村,让农民生活富裕是根本。通过设计,因地制宜、因势利导地将地区工艺资源优势转向设计发展强势。培育和发展以工艺设计与体验为核心的创意农业、创意生活产业、创意生态产业等农村新产业新业态,提高农民家庭经营收入;在边远贫困地区实施"设计扶贫"计划,提高农村贫困人口收入。针对贫困人口生计问题,提倡多从扶贫对象日常生产生活的角度,以设计介入,寻找适合本地情况、用好本地资源、符合当地人意愿的解决方法,而不是一味依靠外来者通过带入大量资源来解决本地可持续生计的问题;农村手艺农户主要处于产业链末端,个体经济权益难以得到有效保护,应鼓励建设"公平贸易组织",引导公平贸易发展,为手工艺生产者直接寻找市场和消费者,减少贸易中间环节,提高手艺农户收入。例如上海乐创益是致力于搭建创意类公平贸易产品平台的公益组织,专注于对创意手工产品的扶持,通过搭建传统手工艺者与设计师的合作平台,提高了受助者的生计能力;通过针对城市白领开展公平贸易旅行,使贫困地区的手工艺人能在家乡依靠教授手工艺来获得收益。

另外,可以在城市尝试建立"手艺农村"连锁专营店,衔接"一村一案""一乡一业"网格化布局,开拓内销市场,提高手艺农户收入。例如,美国在1940年创立的"一万个村庄"手工艺品商店,将不同地域的历史村落与现代消费社会连接起来。通过与38个发展中国家、千余村庄里的手艺人合作,将制作精良的手工艺产品在北美销售,强调与生产地的民众建立长期平等关系,以帮助手工艺人创造稳定收入,改善贫困状况。

改善人居环境,建设美丽乡村,是实现富裕生活的保障。当前,一些高校和设计机构正在响应国家号召,服务改善农村生活环境的"厕所革命"[13],实施"设计助农"计划,通过开展设计服务民生的创作,从乡村现实出发、从村民需求出发,服务乡村宜居、宜业建设。总体上讲,从乡村民居建筑等有形的物质景观到无形的乡风文明,从产业发展、文化服务到乡村治理,乡村天地广阔,设计大有作为。

三、民生需求呼唤设计教育的价值回归

对接当前的民生需要,发展教育,培养人才,仍是基础工程。面对当前"双一流"建设的机遇与挑战,如何准确定位学科未来发展方向是设计教育亟待解决的重要课题,如何培养设计人才与民生需求对接是当下需要思考的关键问题。

第一,解决设计教育的趋同化问题具有紧迫性。据统计,2017年中国设置设计学及相关专业的高等院校有1951所,招生人数达512416名。[14]毋庸置疑,中国艺术与设计教育规模位居世界首位。但也要清醒地认识到,我们目前是设计教育最大的国度,但不是最强的设计国家,设计教育同质化问题依然严峻。国家应制定设计类学科专业评价指标体系,引导高等学校根据自身的优势和条件承担相应的设计教育职责,实现特色定位,分类发展。具体而言,综合大学及综合性艺术院校主要承担起学科、学理层面的设计人才培养任务。理工及技术大学主要

承担结构、技术及材料应用的技术设计人才;艺术与设计院校承担设计问题解决方案层面的创意与应用型设计人才;高职类设计院校承担实施层面的技能型设计人才。

第二,要立足设计属性定位设计学科。"设计学"概念最早由诺贝尔经济学奖获得者赫伯特·亚历山大·西蒙提出,他认为"设计学是以人类设计行为的全过程和它所涉及的主观和客观因素为对象的,涉及哲学、美学、艺术学、心理学、工程学、管理学、经济学、方法学等诸多学科的边缘学科"[15]。设计是一种创意创新的活动,更是一种经济和社会行为,应该以"文化、设计、技术、消费"的系统设计教育思路作为创新基点,遵循设计规律与教育规律,科学合理地构建学科评价体系。从学科属性上看,设计学可以成为跨艺术学、教育学、文学、工学和管理学等5个门类的一级学科,所授学位应该根据涉及领域的不同,跨艺术学、教育学、文学、工学和管理学等5个门类,这既是对设计学学科的丰富和完善,也是对传统的文学等学科门类固有观念的发展,是建立在"大设计"观念和设计学的交叉学科属性基础上的设计学科布局。

第三,核心问题是培养什么样的设计师?应该正确认识艺术家与设计师的本质区别。脱胎于美术教育的设计教育艺术化倾向更为突出,设计教育课程以美术专业课程为主,美术造型基础和"三大构成"等相关课程占有较大比重,但与设计教育相关的经济类、管理类、理工类课程未能充分开展。设计学科作为应用型学科应突出以社会需求为导向,以培养学生创新精神和实践能力为重点,加强实践教学建设。山东工艺美术学院在全国率先提出高等设计艺术教育"创新与实践教学体系"理论,坚持培养具备"科学精神、人文素养、艺术创新、技术能力"的应用型设计人才。所谓应用型人才,是介于"学术型"和"技能型"之间,更加注重将专业知识和技能应用于所从事的专业社会实践的专业人才。就目前从我国设计学学科发展趋势及社会民生对设计需求来看,应用型设计人才培养具有很强的紧迫性。

第四,立足"以学生为本"的理念,坚持多元化培养,多样化成才。信息时代跨界发展的趋势,提出设计人才类型多元化的要求。为解决人才供给与社会需求、人才素质与设计发展之间的断档脱节问题,还要在教育层面科学规划、合理定位,形成多层次、多角度、全方位的人才培养格局。具体而言,应该按照素质、能力、技能要求对设计师角色进行科学分类和准确定位,实施"创新与实践兼容"的"因材施教设计教育"战略。全面培养关系传统手工艺等中华造物文明传承的工艺传承型设计人才、致力于创新驱动的科技创新型设计人才、面向经济发展的产业服务型设计人才以及着眼生态文明大局侧重理论研究与战略规划的策略研究型设计人才,实现设计人才多元化培养、多样化成才的发展模式。

第五,立足民生需求,培养设计师有情怀、有责任、懂生活。设计师有情怀、懂生活,才能设计出有灵魂的作品和产品。在现有设计教育体系中应注重培育设计民生意识和价值观,引导和鼓励设计专业学生关注国情、民情和实际生活需要,培养学生关爱社会、关注生活、关心家庭、热爱民族文化,养成利用和发挥传统文化资源优势开展创意设计的意识和能力。一段时期以来,我们的艺术教育特别是设计教育引进了西方模式,在一个时期带动了中国设计的现代化进程,但不能单一化,传承文化是高等院校的使命担当,如何维系中华民族的精神特质和文化认同感,是设计教育需要思考的一个重要命题。当前,应该推动中华传统造型艺术研究和中华传统造物艺术体系研究,体现中华文化创造力,构建中国设计教育体系,凸显中国精神、中国气度、中国神韵,用造型艺术手段创造性的构建富有时代气息又深具传统文化意涵的精神家园,在造型的可视传播中进一步树立文化自觉和文化自信。当前,山东工艺美术学院推行的"工艺美术+"课程优化计划,便是在关注民族民间传统文化融入现代设计教育的探索,注重在基础教育中融合中华传统文化造物体系与造型体系,培养设计师的民族文化情感,促进优秀传统文化的创造性转化、创新性发展。

国家战略以民生需求为导向,设计发展以服务民生为根本。从20世纪50到70年代,工艺美术在恢复国民经济、满足城乡人民生活需要方面发挥了重要作用。改革开放以后,设计随着国民经济发展而逐步壮大,从学习借鉴逐步走向本土原创。21世纪以来,制造业的崛起与文化产业的繁荣发展促使设计在跨界发展中从有形走向无形,设计成为一种服务大众的生活理念和生活方式,成为一种驱动创新的发展理念和发展方式,逐步形成"大设计"观念。新时代,人民日益增长的美好生活需要为设计发展提出新的时代命题。

设计服务民生,既要关注城市,更要关注农村;面向大众,面向现实,解决产业发展和文化传承的现实问题。设计在传承优秀传统文化、筑牢国家核心价值观、构建现代文化产业体系、满足民众文化权益方面发挥无可替代的创新价值。中国的设计应当更加关注中国的现实,解决国人生产生活中面临的实际问题,不断探索有利于民生改善的设计对策,服务新时代"以人民为中心"的国家发展战略。

注释

[1] [英]维克多·帕帕奈克:《为真实的世界设计》,周博译,中信出版社 2013 年版。

[2] 古希腊哲学家亚里士多德所著《尼各马可伦理学》一书为西方最早的伦理学专著,他正式使用了"伦理学"这一名称,把快乐和幸福作为人生追求的目的,建立了一个以城邦整体利益为原则的比较完整的幸福论伦理思想体系。

[3] 2015 年 5 月,国务院发布《中国制造 2025》。2015 年 6 月,国务院发布《关于大力推进大众创业万众创新若干政策措施的意见》。2015 年 7 月,国务院发布《关于积极推进"互联网+"行动的指导意见》。2016 年 1 月,中央财经领导小组第十二次会议,研究供给侧结构性改革方案。2017 年 1 月,国务院发布《关于实施中华优秀传统文化传承发展工程的意见》。2017 年 3 月,文化部、工业和信息化部、财政部发布《中国传统工艺振兴计划》。2017 年 10 月,党的十九大报告提出实施"乡村振兴战略"。2018 年 2 月,中央一号文件发布《中共中央国务院关于实施乡村振兴战略的意见》。

[4] 数据来源:商务部(2016 年,全年文化产品进出口总额 885.2 亿美元,其中出口 786.6 亿美元)。

[5] 数据来源:国家统计局。

[6] [日]喜多俊之:《给设计以灵魂:当现代设计遇见传统工艺》,郭菀琪译,电子工业出版社 2012 年版。

[7] "手艺农村——山东农村文化产业调研",系 2006 年中宣部批准设立的全国宣传文化系统"四个一批"人才资助项目,项目负责人潘

鲁生,该项目于 2011 年 1 月在中国美术馆举办成果展,并相继出版《手艺农村——山东农村文化产业调查报告》《手艺创造财富》《手艺调研》《手艺文献》《手艺学研究》等论著。

[8] 2014 年度国家社科基金艺术学重大项目课题组:《城镇化进程中传统工艺美术发展现状与发展研究总报告》,首席专家潘鲁生。

[9] 施生旭:《以绿色发展理念推进新型城镇化》,《人民日报》2018 年 4 月 24 日第 7 版。

[10] 胡彬彬、李向军、王晓波:《中国传统村落保护调查报告(2017)》,社会科学文献出版社 2017 年版。

[11] 潘鲁生:《设计论》,中华书局 2013 年版。

[12] 2016 年 11 月,国务院办公厅印发《关于支持返乡下乡人员创业创新促进农村一二三产业融合发展的意见》。2017 年中央一号文件提出:"支持进城农民工返乡创业,带动现代农业和农村新产业新业态发展。鼓励高校毕业生、企业主、农业科技人员、留学归国人员等各类人才回乡下乡创业创新,将现代科技、生产方式和经营模式引入农村。"

[13] 习近平总书记曾经就"厕所革命"做出重要指示:"厕所问题不是小事情,是城乡文明建设的重要方面,不但景区、城市要抓,农村也要抓,要把这项工作作为乡村振兴战略的一项具体工作来推进,努力补齐这块影响群众生活品质的短板。"

[14] 数据来源:中国高等艺术教育研究院。

[15] [美]赫伯特·亚历山大·西蒙:《关于人为事物的科学》,杨砾译,解放军出版社 1985 年版。

(原载《美术研究》2018 年第 5 期)

民族设计意象的构建

我们必须构建属于自己的设计意象,它是一种民族意象、文化意象、美学意象。而且仅有先进的科技是不够的,必须有文化的养分,有来自生活的、艺术的、美学的涵养,工艺美术是天然的土壤和母体。

当前,"文化创意 + "与"互联网 + "兴起,工艺美术有新的发展空间和机遇,启动这一资源优势,还将在设计与文化创意助推产业转型升级中发挥重要推动作用,进一步激发新型业态和"大众创业、万众创新"活力。

在社会和文化转型发展过程中,对于如何看待工艺美术的价值、如何建立传统造物与当代生活的联系、如何以我们民族最源远流长的工艺文化来涵养当代的设计和制造等,亟须在文化自觉和自信的意义上加以深化和落实。要切实改变工艺美术与当代艺术设计、创意产业发展、民众生活需求脱节的情况,实现工艺美术在当代的发展,发挥工艺美术在全球化过程中的文化竞争力。"中学为体，西学为用，在设计上以东方文化为主体、西方文化为应用"是一个途径，通过包含丰富民间智慧、信仰、生活意涵的工艺转化、工艺现代化，实现具有自己文化意象的设计和创造。

工艺美术是东方文化和民族的象征，也是创意经济发展的重要文化财富。要从中国文明史的意义上来认识工艺美术的价值，它绝不是被机器工业简单淘汰的过时产物，而是重要的文化要素和美学载体，是我们这个民族最独特的创造力，是文化的独创性和竞争力所在。快速工业化以来，我们对传统手艺的认识、对工艺美术的认识往往停留在产业加工阶段，没有上升到文化、哲学和精神层面的认同。但如果放弃我们数千年积淀传承的文脉，任其流失、没落、边缘化，一味模仿西方大工业背景的设计，我们将失去文化层面的对话交流的主体性，设计也缺少本土生活的环境和内涵。

我们必须构建属于自己的设计意象，它是一种民族意象、文化意象、美学意象。而且仅有先进的科技是不够的，必须有文化的养分，有来自生活的、艺术的、美学的涵养，工艺美术是天然的土壤和母体。如叶芝在一篇文章中所说，"智慧通常以意象的形式出现"。工艺美术里包含这样的意象，它有我们所有华人甚至是东方人直接透过视觉形象就能领会的意涵。所以，必须从文化意义上深刻认识工艺美术中包含的价值理念、基础工艺、造型形态等，进一步构建它与当代生活和创意产业的联系，这也有助于增进文化的认同。

实现工艺美术的当代价值，要面向当代的发展现实需求，做好传统手工艺的资源转化，包括当代的品牌推广和当代的生活融入。最近我在南方调研时发现,在中缅边境有翡翠、玉石等很多非常好的资源,但是工艺水平比较低,缺乏"就材加工、量材为用"的传统手工艺原则的充分应用。如果我们的工艺创造性下降,工艺的创意比较匮乏,工艺市场也会逐渐丢失,必须认真反思。当下,工艺美术行业的低端发展需要拯救,要从工艺文化层面上进行疏导,重新进行工艺产业布局,并改造工艺美术人才的培养模式。从根本上说,做好传统工艺美术资源的当代转化,一方面,要对工艺美术进行全面的研究分析,包括工艺美术的传统造型、工艺技法、图形纹样、材料材质以及所依托的生态环境和文化空间等,找到转型发展的可行路径。在保留核心意象的前提下,当代新的材料工艺技术可以成为工艺美术创新发展的机遇。另一方面,要对当代生活方式、生活空间和消费群体进行细分,找到工艺美术与日常生活的衔接点。比如社区老年群体、都市青年女性、启蒙阶段的少年儿童等,手工艺的体验不仅是一种休闲方式,也是一种心性的、创造性的体验过程,只有建立了这样具体而又普遍的联系,才能真正唤起公众对于手工艺文化的认同。

在这方面,台湾 Yii 计划取得了很好的经验,它"有政策、有目标,不以市场取向去研发,而以原创价值性及原创独特性为创作目标",创造了新的美学表现,实现了中西美学的交融,以当代设计的形式复兴了传统工艺,值得我们学习和借鉴。

我们有很丰厚的工艺美术资源,更需要开掘这些资源宝库的人,如何把这些文化资源转化好、发展好,值得深入研究。

（原载《人民政协报》2015 年 6 月 25 日）

论中华传统造物艺术体系的研究意义

社会发展进程中,造物艺术研究经历了由造型到观念、由观看到传承、由简单生产到创造转化的改变和进步,造物艺术在新的环境中迭代升级不断做出适应时代的调整。把握中华传统造物艺术体系的研究意义,是在回溯历史、分析现实、把握范畴内涵及体系化联系的过程中,深化造物艺术的理论、观念、经验与现实生产实践、文化传承发展的内在联系,以期发挥支持和构建作用。

一、中华传统造物艺术体系的范畴流变

"造物"系中国古代汉语词汇。先秦以前"造物"指创造世界的外力。《子夏易传》中"阳震,春四时之首也。雷雨动而满盈,造物之始也"[1]中的"造物"指开天辟地之时。《庄子》中频频提

及造物与造物者,《庄子·大宗师篇》"嗟乎! 夫造物者又将以予为此拘拘也!"陈鼓应注"造物者"为"道""造化"[2],是对于自然造化的哲学认识。此后"造物"一词成为看待自然造化的一种世界观,引申为自然之意。春秋战国时期《考工记》中"知者创物,巧者述之,守之世,谓之工。百工之事,皆圣人之作也"[3],此处创物与"造物"同意,将物的产生指向人类的实践行为,"物"的含义由抽象的世间包容之物转向有具体含义的、贴近生活生产的制造物,这种对物的理解在汉代以后逐渐得到认可,如"好,巧也。如巧者之造物,无不皆善,人好之也"[4];"秦文公造物无二价,故以直市为名"[5]等。由古籍文献可以窥见,"造物"一词以"天造"和"人造"两种价值意义贯穿中国传统文化。

近代以来,我国对传统造物的学术研究大致经历了三个阶段。20世纪初至40年代,随着"西学东渐"和民族意识的觉醒,伴随"到民间去"的主张,进步知识分子开始关注民间文化,民间器物、民间艺术品被收集。同时,留日归来的学者将图案学引入国内,围绕国内的工艺美术、民族美术等话题展开热烈讨论。这一时期的研究学者对中国本土造物艺术的发现和发掘为中华传统造物艺术的研究奠定了基础。

1949年中华人民共和国成立以后,在经济生产的社会需求推动下,工艺美术学科确立,中国传统手工艺在工艺美术学科的建立过程中得到充分关注和系统研究,关于工艺美术的通史性著作涌现,学者从图案学、工艺美术、民间美术等方面提出了开创性的研究方法。这一时期,进出口贸易的需求使工艺美术产品大量生产,在实践探索方面形成了鲜明的民族风格和时代风格。新旧世纪之交,传统工艺美术在现代科技席卷而来的大机器工业冲击中日益式微,在与西方国际社会的对接中,"工艺美术学"被"设计艺术"名称取代,西方工业社会的现代设计理念冲入生活、市场、教育等各个领域,传统手工艺在社会发展中的合理性受到质疑。"造物艺术论"在这一工艺美术进退两难的抉择期被初次提出。张道一先生提出的"造物艺术论"将造物艺术放在本元文化的高度来考察,认为造物是人类最基本的一种活动,是人的本质力量的显现,是物质文化与精神文化的结合。张道一先生的造物艺术论保留了"造物"一词在历史上所包含的精神和物质两个层面的含义,造物在人类主动改造自然事物的实践中,不仅仅是人类对技术、材料、工艺、造型的创造,其背后呈现出的是人类创造实践过程中的精神文化内涵,因此造物体现了人与物的最本质关系,也体现出先民在生活实践中对待外物的精神态度。[6]

进入 21 世纪,"非物质文化遗产"概念在我国迅速普及,传统造物拥有了文化遗产的新身份,对造物艺术的研究进入普遍系统的田野调查,开始对保护与传承进行冷静思考,理论研究成果不断丰富。国家层面对于传统文化的保护力度加大,《关于实施中华优秀传统文化传承发展工程的意见》《中国传统工艺振兴计划》等文件从政策上提升了各界对传统造物的保护意识,近几年实施的非物质文化遗产传承人研修研习培训激发了传承人对传统造物重返生活的思考,设计师有意识地将传统造物元素投入到产品设计中,不断尝试传统造物的当代转化,以上为传统造物带来新生机遇。

二、中华传统造物体系的时代价值

(一)厘清中华传统造物体系的精神内涵,助力坚定文化自信

中华传统造物涉及人类生活生产的方方面面,器物中包含民众的审美体悟、经验知识和技术探索。在科技和生产发达的今天,仍旧有许多传统器物在日常生活中被使用,有不少传统造物包含现代机器不可替代的技术,还有很多器物是传统制造生产中不可或缺的工具。例如,缂丝只能使用平纹织机纺织而成,至今无法实现现代机器生产。以缂丝技术织成的纺织图案立体逼真、细腻生动,用于生产缂丝的织机原理精妙、科学完备,无论是缂丝还是织机都是古人对艺术和科学进行发现和凝练的产物。类似缂丝这样的例子在中国造物史上不胜枚举,在传统造物的技术和内涵方面我们理应具备坚定的文化自信[7]。

中华传统造物是内嵌在中国民众生活习惯中的精神创造,是发现和认识伟大民族的感性特征和审美意识的物化呈现。传统造物艺术从中华民族悠久的文明中走来,带有中国人独特的创造逻辑,在民众中具有广泛的现实基础,传统造物是中华民族精神至关重要的一部分,构建中华传统造物体系是认识和厘清中华传统文化精神脉络不可或缺的一环,对传统造物的发掘和认识是继承和弘扬中华民族精神的有效方式。同时,传统造物

是中国文化软实力的代表,越来越受到国际社会的认可,如今我们已经具备充分的条件将传统造物拿到世界的舞台上进行展示,对传统造物的研究和合理运用是由内而外树立文化自信的可行道路。

(二)中华传统造物是认识乡村、振兴乡村的文化原动力

造物根植于中国传统农耕文明中的艺术,是千百年来民众对自然和社会认知的集中体现。乡村为传统造物的传承提供了坚实的土壤,虽社会和科技日新月异,总有一部分传统造物因为其独特的文化价值而世代坚守在乡村生活中无法被取代。这些遗留在各地乡村的传统造物是中华民族优秀传统在历时性积累中呈现出的结果,蕴含丰富而深刻的哲学思想和人文精神。因此,在对中华传统造物体系的认识过程中,乡村是一个关键点,如何客观辩证地认识乡村与传统造物之间的关系既涉及乡村社会文化产业发展的走势,也在一定程度上影响到传统造物未来发展的方向。虽然传统造物在现代化的经济发展中备受冲击,但至今仍有许多传统造物被用于乡村生活的生产劳动和民俗活动中,传统造物在乡村中的生命力旺盛而持久。乡村是造物艺术诞生的母体和生存载体,传统造物艺术则是认识和理解乡村的切入点;乡村是继承和弘扬中华传统造物艺术体系的场域,传统造物艺术则是乡村民众劳动生产过程中智慧实践的表征。

党的十九大报告中提出了乡村振兴战略,这赋予传统造物在新时代乡村振兴战略实施中新的含义。乡村振兴实施过程中

需"深入挖掘农耕文化蕴含的优秀思想观念、人文精神、道德规范",传统造物需在"保护传承的基础上创造性转化、创新性发展,有利于在新时代焕发出乡风文明的新气象,进一步丰富和传承中华优秀传统文化"[8]。可以说,创造性转化和创新性发展是传统造物在传统与创新、坚守与改变、市场与传承、城市与乡村等一系列二元关系中寻求平衡的可行方案。中华传统造物体系的建立是深刻认识乡村民众生活、理解农耕文化思想的起点,对传统造物的创造性转化是重构乡村社会生活秩序的情感纽带,因此构建中华传统造物的完整体系是推进乡村振兴战略实施不可缺少的文化原动力。

(三)以中华传统造物体系为根基推动构建有中国特色的设计学理论体系

中国现代设计经过近百年的发展已经取得了巨大成就,在学科建设上,随着艺术学上升为门类学科,设计学被确定为一级学科,全国各类高校设有 2 000 多个设计系科,每年招收设计类专业学生 50 多万人。在内部政策上国家对设计日益重视,在国际社会上我国的设计作品广受关注,设计学在我国已经成为一门"显学"。但我国的设计实践、设计学科发展和思想观念上仍欠缺民族独立性。在设计理论方面,我国设计学的理论话语体系深受西方影响,基本概念、逻辑范畴、话语体系大多从西方设计思想中拿来即用。在设计实践方面,中国现代设计作品尚有较多模仿,在树立中国特色的设计语言和思想方面尚有广阔的上升空间。解决以上问题的办法之一是进一步建立中国原创的话语体系与理论体系，建设有中国特色的设计学理论体系，这样才能推动中国本土设计的发展，进而在全球化语境下获得与西方设计平等对话。

中华传统造物艺术体系本身具有自成体系的概念与方法，在材料和技术的运用上具有本土特色，这些丰富的造物元素构成中国设计体系强有力的文化支撑，可为现代设计的理论创新和技术创新提供思想理论和文化资源。中华传统造物艺术中积淀的文化符号、思维方式和精神内涵将帮助塑造现代设计的人文价值；中华造物艺术体系中提炼出的具有民族文化特色的设计理念，将推动构建有中国本土特色的设计理论体系。中华传统造物体系与中国特色设计学理论体系之间是互为互助的辩证关系，中华传统造物在为设计提供资源的同时也在实现中华传统造物创造性转化的过程，让优秀的传统造物以合理的方式返回人们的生活中需依赖设计学专业的参与，让今天的设计更符合人们的生活需求应当依靠传统造物在历史发展中提供的经验。

三、作为方法论的中华传统造物艺术体系

在学术发展史中有诸多与传统造物含义相近的词汇，如"民间美术""民间工艺""工艺美术""民俗艺术""民艺""手工艺"等。这些专有名词的侧重点各有不同，但所指向的研究对象基本包含以下几个因素：第一，均诞生于中国传统社会，其生存环境大多依赖于传统农耕社会的生活和生产，其形成具有一定时间积

淀;第二,均采用手工制作方式完成,突出手工制作的独特性和不可替代性,暗含了过去与现代、手工与机械的对立关系;第三,在关注过程中往往因作品独特的造型、鲜亮的色彩而夹带先入为主的关注倾向,在研究中逐渐向民俗文化领域转移。这些专业词汇所代表的专业方向在发展过程中研究方法越来越趋向交叉融合,但因专业初衷的不同仍呈现出研究方法的微妙差别,例如民间美术侧重作品造型、色彩的艺术价值,民俗艺术注重作品与民俗生活的依存与关联,工艺美术则更加关注作品制作过程中的材料、技巧等。

在顺应时代和社会发展的过程中,传统造物要以更为辩证、全面、宏观、高远的学术立意和社会视野为初衷被提出。传统造物是运用一定的物质材料、凭借一定的技术手段制造具有一定价值的物质产品的创造过程,依据人类生存和生活需要而形成的人工物态化产品,在人类文明发展的历史长河中,人造物以物化的形式承载和体现不同历史时期的生产力发展水平、生产组织形式、社会伦理风俗以及民族的审美心理结构,是见证人类从蒙昧走向文明的载体。新时代的社会需求为中华传统文化的当代发展提出新要求,传统造物的未来既要坚守传统工艺的技术经验,又要与时代接轨谋求新出路;既要继承优秀传统文化,又要弘扬时代精神;既要具有立足本国的坚定信念,也要具有面向世界的宽广格局。以上现实需求为传统造物在研究方法上提出更严谨、更科学的要求。

中华传统造物体系的主要研究内容是梳理中华民族数千年来造物艺术的历史传统、经验智慧、思想体系和人文精神,深入挖掘我国历史上官修、民著和口传、图绘的各类设计文献,从学术语境和时代语境上阐释和构建集中国智慧、中国经验、中国技术、中国审美、中国生活于一体的中国传统造物艺术体系,目标在于把握造物体系历史规律与精神内涵,实现传统造物现代性转化的当代价值。所谓"体系",是对同类事物内在规律的把握,寻求事物之间内在秩序的联系,以构成一个完整的整体。中华传统造物体系作为形之于材质肌理、造型色彩的艺术体系,包含丰富的造物艺术现象以及可待深入剖析的造物艺术规律和造物艺术本质;作为认知、技术生成与传习的实践经验,包含人类生产生活的实用系统;作为关联着风俗习惯、道德伦理和社会制度的群体意识,包含具有本土历史文化的精神内涵;作为艺术与审美、经验与技术的创造,具有包含民族审美认知、揭示事物发展规律的哲学价值。因此,中华传统造物艺术体系的主要任务是全面认识造物艺术体系的构成要素,辨析构成要素的相互关系,形成对造物艺术体系发展历史、发展规律、本质内涵和民族特色的认识,系统化地把握中华传统造物艺术的创造性、丰富性和独特性。

中华传统造物体系不仅是研究内容的整体表达,也是作为造物研究方法的探索。传统造物艺术体系是学科与专业、生活与艺术、技术与哲学等资源的有效整合,多元化的研究内容决定了综合交叉的研究方法。研究过程中将文献学、考古学、历史学、哲学、民俗学、人类学、文化学等方法并用,同时加强理学、工学的跨学科研究,引入原理、技术、构成、流程和标准的科学解析,用以丰富造物艺术阐释。研究过程使纵向性研究与横向性研究、定性研究与定量研究、相关性研究与实验性研究、文献研究与田野考察、个案研究与综合研究相交融,深入到思想观念、社会背景、科学原理和文化命脉中去探寻中华传统造物艺术的历史演进逻辑和深层次的文化内涵。

中华传统造物艺术体系研究不拘泥于文化和思想层面的理论阐释,最终目的是将理论成果付诸实践,探索传统造物面向当代社会的现实价值,推动中华优秀传统文化的创造性转化和创新性发展。20世纪以来,中国设计经历了从传统到现代的转型,在转型过程中秉承借鉴吸收西方设计艺术思想,努力继承和弘扬中华传统造物艺术传统的原则,设计产品曾呈现出一定的时代特色,但是社会环境的迅速变化迫使中国设计做出改变,现在面临更艰巨的挑战。对外而言,科学技术全球化扩散,中国在国际分工中的地位不断提升对中国设计的自主创新能力提出更高要求;对内而言,提高生活质量、扩大内需、资源节约的长效发展机制为中国设计制造提出更多现实问题。中华传统造物体系是当代设计的根源,应由传统造物的本质力量扩大为内涵更为广大的设计创造活动,使传统造物融入人民生活、以现代设计带动传统造物,协助实现由"制造大国"向"创造强国"的转变。

四、中华传统造物艺术体系的价值实践

中华传统造物艺术在向现代的转化过程中应当直面现实问题,在价值论和目的论的目标中应对自身发展。我们应思考如

何在现代化的机器生产和技术潮流中解决传统造物自身的保护与传承问题，与此同时寻找传统造物在现代社会的立足点，通过传统造物的创造性转化和创新性发展实现其当代价值。我们尝试在前所未有的时空范围内实现多角度的突创，使传统造物走向一个更为开放多元的当代世界。

（一）全面掌握中华传统造物艺术体系，以系统性、基础性研究为出发点

系统性、基础性研究是将传统造物艺术进行创造性转化的依据和资源。在已有的学术研究中，我们对传统造物的类型化研究、艺术特征研究和演进脉络研究比较充分，进入新世纪以来探讨现代保护与传承、现代设计资源转化的专题研究和实践也较为丰富，但相对于中华传统造物艺术"体系"的构建仍较为缺少具体研究。一是相对缺乏从整体层面开展的研究，对传统造物的本土哲学、审美经验、认识规律、思想谱系、民族文化内涵的理论性提炼还存在不足。二是相对缺乏从科学技术角度开展的造物原理认识，传统造物是艺术设计与科学技术的复合体，受学科专业的限制，传统造物在技术和工艺的科学研究方面具有极大探索空间。三是相对缺乏运用现代技术建成的中华传统造物艺术系统基础资料库，应在对传统造物的造物口诀、图说粉本、文献笔记等进行系统搜集整理的基础上，对成果资源进行整合，利用便捷的网络技术手段构建起全面、立体、公开的电子资源库。基本资料的系统研究、整合是传统造物体系保护的必要工作，资源的公开将为传统造物的转化提供公平的

市场竞争。

（二）将传统造物艺术教育纳入国民教育体系，作为开展民族美育的重要手段

传统造物是世代积累的技术经验的物化体现，蕴含中国民众独特的审美认知和生命体悟，因此，传统造物对于发现和认识伟大民族的感性特征、感化和培养民族文化自信具有重要作用，应特别关注传统造物艺术向教育和美育方面的资源转化。国家可以从四个层面建立传统造物艺术的国民教育体系：在中小学基础教育中，在儿童的手工实践、游戏娱乐中潜移默化地渗透传统造物的哲学观、伦理观、美学观，融会传统造物的智慧和情感，增强对传统造物艺术的思想启蒙；在职业教育中，加强传统造物的职业教育和技能人才培养，加强技术实践，保障传统造物的当代传承；在高等教育中，以传统造物艺术为资源开展学术研究与社会实践，培养"设计创意型""设计应用型""设计策略型"等不同类型人才，实现传统造物与现代生活的对接；在社会公益教育层面，将先进的技术、现代的方式运用于专题博物馆、传统造物传习中心、互联网传播平台，通过开展创意互动活动等形式在社区推广关注传统造物的理念和意识，以传统造物为核心开展对公民的民族情感培养，取得民族文化认同。通过以上四个方面形成中华传统造物全年龄段的教育、美育覆盖。

（三）加强传统造物艺术的现代转化，多方互动促进高水平产品产出

设计是实现传统造物艺术现代性转化的高效途径；对中华传统造物体系进行充分研究和理解是做好"中国设计"的出发点。设计师应从传统造物艺术的哲学、伦理学、美学中寻找传统文化精神的转化，塑造现代设计的人文价值；从传统造物艺术的工艺、造型、装饰等元素中寻找传统文化符号的转化，塑造现代设计的审美价值；从传统造物艺术的材质中寻找传统素材的转化，塑造现代设计的生态价值。通过对传统造物艺术各种资源的有效整合，推动现代设计创新，塑造"中国设计"品牌，从而更好地服务国家文化战略和国家经济战略。具体操作过程应充分调动多方力量，如高校应在大学生的设计教育课程中将传统文化因素和地方文化资源纳入教学视野，积极探寻传统手工艺向现代生活转化的切入点，引导相关专业大学生树立立足当下、服务地方的职业道德意识。高校完成传统手工艺的现代性转化研发后，通过政府的牵线搭桥与企业合作对接，实现产品落地生产；企业应及时反馈市场信息，共同调整和更新产品。在政府部门的引导下使高校、民众、市场充分结合，在多方的良性循环中撬动中华传统造物转化的支点，促进具有地方特色的高水平产品产出。

（四）拓展传统造物艺术的发展与转化思路，激发传统造物在民众生活中的内生动力

传统造物深入到百姓日常生活中，对传统造物艺术体系进行深入透彻的学理研究其最终目的不是将其束之高阁，成为悬置在学术殿堂中的观赏品，而是要通过与现代社会的结合让传统造物回归民众生活，在传统造物体系与民众生活需求之间建立循环往复的友好关系。中华传统造物中的一些设计思想和巧妙元素在今天仍然具有借鉴意义，但是利用传统不是囿于传统，应广泛拓展传统造物艺术的设计转化思路，将现代思想、现代技术、现代生活融合于传统造物艺术体系的创造开发之中，真正发掘民众现代生活所需，激发传统造物在民众生活中的内生动力。例如，积极使用互联网技术，改变传统造物者的固化思维，以互联网为媒介搭建造物与艺术、科技、人文、大众文化的跨界合作，从传统造物艺术的思想、形式、功能、材料等方面开枝散叶，增加传统造物与各行各业的合作机会，在互联网中广泛探索传统造物的生存空间，为传统造物谋求新生，使传统造物在民众生活中找到合情合理的归属。

注释

［1］（周）卜子夏：《钦定四库全书·子夏易传（一）》，中国书店 2018 年版，第 36 页。

［2］陈鼓应注译：《庄子今注今译》（上），中华书局 2016 年版，第 222—223 页。

［3］闻人军译注：《考工记译注》，上海古籍出版社 2008 年版，第 1 页。

［4］（汉）刘熙：《释名》，中华书局 2016 年版，第 54 页。

［5］何清谷校注：《三辅黄图校注》，三秦出版社 2006 年版，第 12 页。

［6］张道一：《造物的艺术论》，福建美术出版社 1989 年版，第 28—47 页。

［7］参见殷波：《从山东抽纱看近现代中西传统工艺的交流发展》，《艺术设计研究》2020 年第 3 期。欧式传统工艺传入我国后也形成了蔚为大观的创造性发展。

［8］中共中央、国务院印发《乡村振兴战略规划（2018—2022 年）》。

（原载《艺术设计研究》2021 年第 2 期）

辑二

设计策略

新时代的设计政策研究报告
——2014 年度中国设计政策研究报告

2014 年,设计发展提上国家政策议程,从中央到地方,围绕设计服务与相关产业融合发展的一系列政策措施相继制定出台。国家层面战略意义上政策措施的系统制定和颁布实施具有标志意义。2014 年度因此被学术界誉为"中国设计元年"。

一、设计政策发布

2014 年,设计发展以空前力度提上国家政策议程。国务院先后发布《关于推进文化创意和设计服务与相关产业融合发展的若干意见》(国发〔2014〕10 号)和《关于加快发展生产性服务业促进产业结构调整升级的指导意见》(国发〔2014〕26 号),

明确从整体产业构架和经济、文化、社会、生态的整体需求对我国当前以及未来一段时期设计发展做出定位并提出指导意见。

相关政策不仅通过常规决策和发布机制颁布出台,并由一系列会议部署产生广泛深刻影响。其中《关于推进文化创意和设计服务与相关产业融合发展的若干意见》,以1月22日国务院常务会议为先导,发布了关于推进文化创意和设计服务与相关产业融合发展的一系列核心内容;3月5日,第十二届全国人民代表大会第二次会议,李克强总理在政府工作报告中再次指出,要"促进文化创意和设计服务与相关产业融合发展",将之作为"支撑和引领经济结构优化升级"的重要抓手。

中央层面主导性政策的出台直接推动一系列配套政策和地方政策的制定和执行。文化部、财政部、工业和信息化部就具体产业发展、金融合作等出台指导意见(详见表1),地方政府制定一系列落实措施(详见表2),部分地区进一步成立设计行业联盟组织(详见表3)。

表1　2014年度设计发展配套政策

发布时间	部委	名称	内容
2014年3月17日	文化部、中国人民银行、财政部	《关于深入推进文化金融合作的意见》	鼓励金融资本、社会资本、文化资源相结合。深入推进文化与金融合作,推动文化产业成为国民经济支柱性产业。

（续表）

发布时间	部委	名称	内容
2014年3月20日	文化部	《关于贯彻落实〈国务院关于推进文化创意和设计服务与相关产业融合发展的若干意见〉的实施意见》	深刻领会、准确把握推进文化创意和设计服务与相关产业融合发展的重大意义和工作思路。 提升文化产业的创意水平和整体实力。 充分发挥文化创意和设计服务对相关产业发展的支持作用。 实施重要文化产业促进计划与工程。 落实支持政策和保障措施,加强组织实施。
2014年5月19日	工业和信息化部	《工艺美术行业发展指导意见》	指导企业分类发展。 引导产业合理集聚。 加强人才队伍建设。 推进技艺传承创新。 强化自主品牌建设。
2014年8月8日	文化部、财政部	《关于推动特色文化产业发展的指导意见》	发展特色文化产业,依托各地独特的文化资源,通过创意转化、科技提升和市场运作,提供具有鲜明区域特点和民族特色的文化产品和服务。 深入挖掘和阐发中华优秀传统文化的时代价值,培育和弘扬社会主义核心价值观,优化文化产业布局,推动区域经济社会发展,促进社会和谐,加快经济转型升级和新型城镇化建设,发挥文化育民、乐民、富民作用。

表2　2014年度地方设计发展政策

省市	政 策 内 容
北京	《北京技术创新行动计划(2014—2017年)》提出推进北京"设计之都"建设,实施首都设计产业提升计划,加快中国设计交易市场、北京市设计创新中心建设。《北京市文化创意产业提升规划(2014—2020年)》
上海	《上海市设计之都建设三年行动计划》
石家庄	《石家庄市推进文化创意和设计服务与相关产业融合发展行动计划(2014—2020年)》
成都	《成都市文化创意和设计服务与相关产业融合发展行动计划(2014—2020年)》《成都市创意设计产业发展四年行动计划》
合肥	《合肥市现代服务业发展规划(2014—2020年)》
河北	《河北省关于推进文化创意和设计服务与相关产业融合发展的实施意见》
吉林	《吉林省人民政府关于推进文化创意和设计服务与相关产业融合发展的实施意见》
福建	《福建省人民政府关于推进文化创意和设计服务与相关产业融合发展八条措施的通知》
贵州	《贵州省人民政府关于加快现代服务业发展的意见》

表3　2014年度设计行业联盟成立情况

成立时间	联盟	领域
2014年5月8日	中国众筹创新联盟	2014年北京国际设计周重点项目众筹中国设计联盟以及产品"设计宝"项目发布。以联盟平台形式结合相关资源共同筹集基金,同时推出服务于设计领域的金融产品"设计宝"。

视觉设计《上合青岛峰会视觉形象设计》 艺术总监:潘鲁生 作者:山东工艺
美术学院团队 2018 年

（续表）

成立时间	联盟	领域
2014 年 6 月 27 日	深圳市时尚创意产业联盟	由深圳市政府倡导,深圳家具、服装、黄金珠宝首饰、钟表、皮革、工业设计、内衣、眼镜等八大传统行业协会与行业内骨干企业共同参与。
2014 年 10 月 11 日	中国创新设计产业战略联盟	由中国机械工程学会、浙江大学倡议发起,涉及航天、航空、高铁、造船、车辆、化工、电力、重工、家电、信息网络、物流、设计服务等行业。

整体上,2014 年,从中央到地方、从主导政策到配套措施,以设计服务为核心的政策体系进一步建立。

二、设计政策要点

（一）界定"设计"构成

相关政策界定了设计的构成要素、设计的主要形态,以及设计所依附的主要行业领域。在设计构成要素上,明确提出"文化传承"和"科技支撑"两大构成要素,强调"加强科技与文化的结合,促进创意和设计产品服务的生产、交易和成果转化,创造具有中国特色的现代新产品,实现文化价值与实用价值的有机统一"。在设计形态上,提出"着力推进文化软件服务、建筑设计服务、专业设计服务、广告服务等文化创意和设计服务与装备制造业、消费品工业、建筑业、信息业、旅游业、农业和体育产业等重点领域融合发展"。在设计依托的主要行业领域上,文化部《关于贯彻落实〈国务院关于推进文化创意和设计服务与相关产业融合发展的若干意见〉的实施意见》做出进一步梳理,包括"创意设计业""动漫、游戏业""演艺、娱乐业""艺术品业""工艺美术业"等专业领域。

(二) 突出"服务融合"导向

相关政策明确提出,设计与相关产业服务融合的 7 项重点任务,即加强文化创意和设计服务与装备制造业、消费品工业对接,塑造制造业新优势;加快文化与科技融合,促进数字内容产业发展;注重文化建设与人居环境相协调,提升人居环境质量;促进文化旅游融合发展,提升旅游发展文化内涵;推动文化与特色农业有机结合,挖掘特色农业发展潜力;促进文化与体育产业融合发展,拓展体育产业发展空间;推动特色文化产业发展,提升文化产业整体实力。

(三) 明确"设计"保障实施

相关政策提出 8 项措施,包括增强创新动力,强化人才培养,壮大市场主体,培育市场需求,引导集约发展,加大财税支持,加强金融服务,优化发展环境。并提出一系列促进计划与工程,包括文化产业创业创意人才扶持计划,成长型小微文化企业扶持计划,特色文化产业发展工程,数字文化产业发展工程,文化产业投融资体系推进工程,文化产业园区基地提升工程。并对组织实施做出明确规定,包括组织领导,编制专项规划或行动计划,制定相关配套文件,建立工作机制,加强宣传,健全法制,加强统计、核算和分析,加快发展和规范相关行业协(商、学)会、中介组织建设等,并明确由发改委会同相关部门对落实情况进行跟踪分析和监督检查。

三、政策解读评价

(一)突出"大设计"理念

政策坚持注重创意创新、淡化行业界限、强调交互融合的"大设计"理念。之所以要打破行业和地区壁垒、促进文化创意和设计与相关产业融合服务,相关政策做出说明,即"随着我国新型工业化、信息化、城镇化和农业现代化进程的加快,文化创意和设计服务已贯穿在经济社会各领域各行业,呈现出多向交互融合态势",在这样的发展态势和基础上,"推进文化创意和设计服务等新型、高端服务业发展,促进与实体经济深度融合,是培育国民经济新的增长点、提升国家文化软实力和产业竞争力的重大举措","是促进产品和服务创新、催生新兴业态、带动就业、满足多样化消费需求、提高人民生活质量的重要途径"。

以工业设计为例,相关政策特别明确提出:"促进工业设计向高端综合设计服务转变,推动工业设计服务领域延伸和服务模式升级。"这是一个重要信号,即从国家宏观政策领域对工业制造转型升级做出明确界定,实质是在世界工业制造领域从"工业化"到"去工业化",再到"再工业化"的升级发展形势下,以设计为核心,推动服务经济服务实体经济、对制造业的高附加值环节进行再造的发展战略。由此改变制造业严重依赖廉价劳动力和高度发达的物流业,并以过度消费和产能无限扩张作为产业经济基础的现状,推动工业设计更多与产业业态交叉、与科技手段融合、与生产制造挂钩、与企业战略交合、与社会文化对接,使设计从产业领域拓展到经济文化建设发展的各个方面,成为转型升级的重要动力。

政策对"塑造制造业新优势"做出具体划分,即加强文化创意和设计服务与装备制造业、消费品工业对接。由此明确了设计服务的两大制高点,即大制造和微制造。前者如高铁技术、集成创新系统等是设计制造网络的协同与合力,代表国际水平,后者是在物联网兴起,定制化、个性化、多元化需求发展,产品生命周期不断缩短,价格和利润不断下降,产品复杂性增加,服务化成为重要趋势的发展形势下,面对巨大国内内需市场的重要发展方向。

总之,在新背景下,跨界成为典型趋势,大设计理念成为国家设计政策的重要内核,并将发挥关键的引领作用。

(二)明确"中国设计"的文化生长点、科技创新点和消费突破点

相关政策多角度解析强调了文化对设计服务发展的关键作用,提出依托丰厚文化资源,丰富创意和设计内涵,拓展物质和

非物质文化遗产传承利用途径,促进文化遗产资源在与产业和市场的结合中实现传承和可持续发展,推动文化元素与现代设计有机结合,形成有中国文化特色的创意设计发展路径,并具体就信息及游戏动漫产业发展,提出强化文化对信息产业的内容支撑、创意和设计提升,加快培育双向深度融合的新型业态,深入挖掘优秀文化资源,推动动漫游戏等产业优化升级,打造民族品牌;就旅游文化产业发展提出以文化提升旅游的内涵质量,以旅游扩大文化的传播消费;就演艺及娱乐业发展提出鼓励演艺企业创作开发体现中华优秀文化、面向国际市场的演艺精品。支持开发具有民族文化特色、健康向上的原创娱乐产品和新兴娱乐方式,促进娱乐业与休闲产业结合;就工艺美术业发展提出坚持保护传承和创新发展相结合,发掘民族文化元素,突出地域特色;并提出鼓励各地结合当地文化特色不断推出原创文化产品和服务,积极发展新的艺术样式,推动特色文化产业发展。文化对设计服务的支撑作用、标识意义、重要影响提到新的高度,明确了文化传承作为中国设计生长点的重要意义。

相关政策将科技作为与文化协同的要素加以阐述,明确提出加强科技与文化的结合,促进创意和设计产品服务的生产、交易和成果转化,创造具有中国特色的现代新产品,实现文化价值与实用价值的有机统一。具体提出支持基于新技术、新工艺、新装备、新材料、新需求的设计应用研究。深入实施国家文化科技创新工程,支持利用数字技术、互联网、软件等高新技术支撑文化内容、装备、材料、工艺、系统的开发和利用,加快文化企业技术改造步伐。因此,在政策导向上确立了设计发展的科技创新点,并凸显了科技与文化的协同理念。从根本上说,新型文化产业业态必将是文化内容、设计创新和科学技术三位一体的"文化综合体",设计创新作为文化业态生成的最活跃因子,必将在和科学技术结合共生过程中,把产品的功能定义、产品的内涵、产品的结构创新和性能创新结合起来,并在发展设计产业自身的同时主动与不同文化内容资源相融相合,形成更多具有创新型的产业业态。从国家政策层面看,由此进一步明确了设计与科技的结合是未来设计产业的新走向。

相关政策重视设计消费,将相当比例的工业制造业界定为"消费品工业",提出通过设计服务发展,推动消费品工业向创新创造转变,增加多样化供给,引导消费升级,既推动转变消费观念,激发创意和设计产品服务消费,鼓励有条件的地区补贴居民文化消费,扩大文化消费规模,又促进创意设计与现代生产生活和消费需求对接,拓展大众消费市场,探索个性化定制服务。由此有助于纠正缓解长期以来制造业和设计及销售市场的切割分离的现状,并重点关注基于网络信息技术发展的制造业转型升级问题,进一步引导适应以互联网为支撑的智能化大规模定制的生产方式,把握机遇构建新的设计消费生态系统。

(三)建立系统的设计支持体系

相关政策较为系统全面地就文化创意与设计服务的主体——企业,发展的支持因素——财税、金融和人才,发展的动力机制——创新和市场需求以及审批管理等综合性发展环境做出部署,提出包括中小企业、小微企业、产业集团和产业联盟等主体扶持措施、知识产权战略、文化创意和设计服务人才扶持计划、市场交易发展、集约布局等一系列导向措施。

内涵在于通过文化创意和设计服务与相关产业融合发展，进一步构建以先进制造业为基础的，与金融、贸易、航运等现代生产服务业互相融合的产业体系，并凸显了对知识创新与人力资本的比较优势的关注，有助于借助知识和智力资本创造高附加值，改变处于产业链末端的局面。而且围绕文化创意与设计服务，培育和扶持各类市场主体，有助于进一步培养能够推动先进制造业与设计服务业价值链重构的"价值链集成商"，促进先进制造业与设计等现代生产性服务业动态匹配，并进一步完善市场规则，让设计企业真正发挥主体作用。

总之，设计创意具有无处不在的生活普及性，设计服务具备与更多产业领域跨界融合、催生裂变新型产业业态的强大功能。设计中文化的、知识的、信息的、科技的乃至心理的因素在智力经济发展过程中将越来越具有决定性作用，在传统产业结构调整和转型升级中发挥关键作用。以往，我国与世界先进水平国家设计产业相比，在创新理念上存在差距，虽设计业需求和供给规模都在与日俱增，市场地位也正在崛起，但在培育设计产业和促进设计应用的投入上较其他国家来说较少，在 2014 年度，一系列设计产业政策颁布之前，尚未从国家层面形成强劲合力来拉动发展，导致设计产业与其他传统产业、新兴产业各自为政，缺乏较强的产业融合度和凝聚力。

因此，此次相关政策颁布具有标志意义，有助于实现设计驱动，破除产业评建，发挥战略性的导向作用。其意义与影响，如文化部在落实意见中所指出:"体现了中央在新形势下对文化产业战略地位和重大作用的准确把握,标志着文化创意和设计服务与相关产业融合发展已经成为国家战略,对促进经济结构调整和发展方式转变、提升产业竞争力、满足多样化消费需求、提高人民生活质量具有重要意义,对提升全民文化素质、增强文化整体实力和竞争力、提高国家文化软实力有着重要的促进作用。"

(原载《南京艺术学院学报(美术与设计)》2015 年第 3 期)

传统文化资源转化与设计产业发展
——关于"设计新六艺计划"的构想

2013年中央经济工作会议明确提出:"我们面临的机遇,不再是简单纳入全球分工体系、扩大出口、加快投资的传统机遇,而是倒逼我们扩大内需、提高创新能力、促进经济发展方式转变的新机遇。"[1]随着我国工业化和城市化的快速发展,资源环境约束不断加大,发展设计产业对于解决产业结构调整、转变经济增长方式、提升自主创新能力、加速发展现代服务业、实现加工贸易的转型、提高国际分工地位,具有十分重要的作用。国际经验表明,"当人均GDP达到1 000美元时,设计在经济运行中的价值就开始被关注,当人均GDP达到2 000美元以上时,设计将成为经济发展的重要主导因素之一"[2]。就山东省而言,人均国内生产总值超过7 000美元之后,人民群众的精神文化需求将会急剧增长,城乡居民消费结构将不断升级,文化消费的比重将大幅度提升,文化产业的潜能将会得到极大的激发。目前山东省文化产业增加值已连续3年突破千亿元,文化产业的发展已经具备良好的基础,一旦解决设计创意的转型问题,将迎来快速发展的局面。

有感于此,我们希望从山东文化和产业的实际出发,寻求提升发展的设计良策。从文化基础上看,山东是孔孟之乡、儒家文化的发源地,拥有在亚洲"儒家文化圈"乃至世界范围内独特优厚的文化资源,使文化资源转化成文化动力,在深化产业结构战略性调整的关键时期发挥文化的创新驱动作用,具有重要的探索空间和价值。从产业发展上看,山东有经济大省的产业需求,打通历史文化与当代社会的联系,使博大精深的文化资源成为有效的创新驱动力,确立山东设计产业深厚的根基和特色,并提振促进设计产业发展,具有典型和示范意义。

借鉴台湾设计界"设计战国策计划"[3]的理念和经验,我们提出山东文化创意产业的"设计新六艺计划",主要运用"六艺"创新养成概念,确立文化资源转化、设计人才培养和服务产业对接的设计策略,在资源、人才和产业发展方面搭建平台,服务和促进设计产业发展。众所周知,传统"六艺"既指"礼、乐、射、御、书、数"等人才养成的核心课程体系,也是诗、书、礼、乐、易、春秋等中国学术文化的最高文本经典。"六艺"作为统摄一切学术的国学集成,囊括了当时社会条件下人们在政治、文化、社会生活等各方面的目标和追求,是一支数千年延续不断的文化血脉,在当代人的生活方式和文化心理中发挥着显性或隐性的影响,也是庞大历史文化资源的一种凝练和概括。当前的设计创新,可以从"六艺"中寻找息息相通的文化谱系,从不同角度和节点找到传统文化资源与当代生活空间的衔接点,这不仅是山东也是我国发展设计产业不可忽视的潜在资源和文化根基,对于培育和弘扬国家核心价值和优秀传统美德,对于中国以及更大范围的儒家文化圈,乃至东西方不同文化的对话交流都具有核心意义。因此,以传统"六艺"文化资源为基点,实施创新产业的"设计新六艺计划",旨在进一步确立山东文化驱动的支点,把握文化资源转化的抓手,找到设计产业提升的路子,以山东独特的文化资源为原动力,从"设计新六艺计划"的六大领域促进设计产业的健康持续发展。

具体来看,"设计新六艺计划"以儒家文化基础、设计战略人才、制造产业、旅游产业、内容产业、资源产业为切入点,从战略设计、养成设计、工业设计、体验设计、媒体设计、艺术设计等六方面着手,确立设计领域资源转化、人才培养和产业服务的行动计划,解决山东省设计发展的资源动力、产业提升和优势特色等关键问题,完善山东设计产业发展举措。

一、倡导儒家文化的战略设计

设计的核心是文化,只有以深刻的思想文化价值观为支撑,才能发挥巨大的引领和辐射作用。中华传统造物有深厚的文化根基,无论是传统工艺美术的"三才"观,还是"器以藏礼"的名物制度,又或文质彬彬的审美情趣,"形而下"的器物形态往往具有"形上"之道的内在支撑。今天的"中国制造""中国设计"当务之急是确立自己的文化根基。参考国际经验可以看到,北欧设计以其传统生态观为主旨,成就了鲜明的设计风格;美国苹果公司的设计以对生活方式的理解为核心,引领了世界范围内通信终端的重大变革;美国"大片"以美国精神为核心,在世界范围内传播推广,取得了意识形态和市场效益双重价值。所以,通过实施"设计新六艺计划"来弘扬"齐鲁文化",提振"山东设计",首要步骤是找到至关重要的文化基础及其在当代转化应用的途径。

首先要深入研究儒家思想文化在经济和文化产业发展中的作用机制。儒家文化已在亚洲经济崛起中发挥关键作用,如新加坡前总理李光耀阐述的"东方价值观"以及《日本成功之路》中提出的"新儒教"概念,都充分阐释了以天人合一、和而不同、诚实守信等为代表的儒家价值取向和行为规范对亚洲发展的价值。而且儒家文化在亚洲文化产业发展中也发挥了关键作用。以韩剧为例,与美国大片依托特效科技表现拯救世界的主题不同,大多以日常家庭生活为主题,无须巨额投入,也占据相当市场,并掀起了带动餐饮、旅游、时尚产业的"韩风""韩流"。从影响上看,东方的家庭伦理不逊于西方的自然角逐和科技更新,我们的历史文化传统在今天仍有巨大的需求空间,最关键的问题是找到家庭伦理、生活追求等传承不息的精神支点,通过有效的创意和设计转化,使之在今天的社会发展中发挥持续而深刻的作用,进而要推动儒家思想文化的设计转化。加强相关儒家思想文化的设计转化研究,使丰厚的思想文化资源凝练成鲜明的设计理念,具体在产品层次,植入中华价值观,使之承载鲜明的文化信息,形成具有标识性的美学风格和特色。在企业层次,塑造诚实守信、积极有为的企业文化。在区域发展层次,树立仁义厚道、乐观向上、热情好客的人格形象,进而树立山东的文化形象,实现更广泛的文化认同、民众的接受和企业的合作发展。

二、培育专业人才的养成设计

未来的国际竞争,既是观念与战略的竞争,也是人才的竞争。设计竞争与发展的后劲来自设计人才,并在很大程度上取决于设计教育。就山东省而言,首要的是构建以文化传承为核心、分类发展的设计教育体系,这也是对"六艺"人才养成内涵的传承和发展。

首先,山东设计教育可确立文化传承的鲜明特色。一方面,从全国布局看,设计教育需形成自身特色,全国现已形成庞大的设计教育规模,截至 2012 年全国设有设计类专业的院校已达 1705 所,专业点达 6 466 个,仅 2012 年我国设计类专业新生入学人数即达 51 万余人,庞大规模的背后是"千校一面"的趋同化困局,打造特色是设计教育突围的重点。另一方面,山东有丰厚的历史文化资源亟待设计发现、设计转化、设计应用和设计提升。据统计,2009 年普查期间,全省非物质文化遗产项目已达 4.398 万项[4],涉及历史故事、神话传说、谚语典故、戏曲舞蹈等内容,位居全国前列。以当代设计观念转化"非遗"资源的传统文化样式,用当代设计语言转化传统文化元素,通过当代设计创意产业转化传统文化产业,以及如何通过当代设计创意产业发展转化传统文化产业,成为山东省文化传承和产业提升的关键。

培养传统文化资源设计转化人才,可成为当前以及未来一段时期山东设计教育的重要内容。

同时,需进一步健全分类发展的设计教育体系。具体从基础教育、职业教育、大学教育、社会公益教育几个方面展开,延续齐鲁教育传统,形成山东设计教育特色。在基础教育中,增加中小学生传统道德观、创意设计和手工制作等相关课程,融会传统造物的智慧和情感,使之成为认祖归宗的文化课程和创意设计启蒙。在职业教育中,加大设计师培养力度,重点培养设计"灰领人才",即具有绘图、制作、营销等专业技术能力的设计技能人才。在大学层面,通过学科交叉与专业融合,培养"设计创意型""设计应用型""设计策略型"等不同类型人才。其中,"设计创意型"人才重在具有文化原创力,能够根据社会调研、技术积累和文化的理解与阐释,形成创造性的解决方案和促进沟通与共鸣的创意理念。"设计应用型"人才贵在熟知产业流程,能够在创意草图变为市场产品的过程中发挥"物化"及传播推广的关键作用。"设计策略型"人才重在设计管理和服务,善于将创造能力转化为服务产业实践,有效地参与到构建企业的愿景和战略的进程之中,从参与产品的设计、过程和体验,转变到新的商业模式的设计并确保其顺利实施的设计领导能力。整体上形成多层次的人才培养格局,并强化大学设计学科对地方经济的服务与智力支持作用。此外,在社会公益教育层面,可通过专题博物馆、传统手工艺传习中心、公众设计创意活动等形式,推广关注设计、尊重设计、消费设计的理念和意识,营造设计创新的文化氛围。

三、提升制造产业的工业设计

加大设计产业扶持与推动力度。2012年12月,习近平总书记视察顺德广东工业设计城,对广东家电制造业通过设计创新进行产业转型发展的思路,给予高度肯定。2014年1月,国务院总理李克强主持召开国务院常务会议,议题之一是部署推进文化创意和设计服务与相关产业融合发展,提出"文化创意和设计服务具有高知识性、高增值性和低消耗、低污染等特征。依靠创新,推进文化创意和设计服务等新型、高端服务业发展,促进与相关产业深度融合,是调整经济结构的重要内容,有利于改善产品和服务品质、满足群众多样化需求,也可以催生新业态、带动就业、推动产业转型升级。会议确定了推进文化创意和设计服务与相关产业融合发展的政策措施"[5]。2014年3月,国务院发布《推进文化创意和设计服务与相关产业融合发展的若干意见》,从政策层面将设计作为创新资源纳入经济和社会发展中,从具体举措上激发设计经济拉动力。

相关重点城市和省份积极行动,目前北京市已全面实施"首都设计产业提升计划",围绕交易渠道开拓、制造业融合、企业培育、联盟组建、人才培养、品牌塑造、基地建设等七个方面,全面推动工业设计产业发展。上海市率先提出"打造先进设计理念的传播地、先进设计技术发明应用地、优秀工业设计人才集聚地、优秀设计产品展示地、设计知识产权交易地"发展战略,推动产品研发与工业设计的有机结合,在重点新产品产业化过程中实现科技创新与工业设计同步进行。广东推出"产业设计化、设计产业化和设计人才职业化"的发展思路,形成设计创新、技术创新、品牌创建三位一体的工业设计创新机制,推动"广东创造"的全面提速发展。

从山东省产业基础来看,制造业在全省经济建设中处于主导地位,对规模以上工业增长的贡献率近年来保持在90%以上[6],山东半岛制造业基地在游艇船舶、白色家电、家具制造、通信设备、皮革制造、纺织服装等领域产值较大。但从全国来看,山东制造业创新的综合指数却处在全国中间水平,和经济大省地位明显不相称。淘汰落后产能、提升技术创新能力和产品文化内涵,将是山东制造业转型发展的必由之路。工业设计与制造业融合是今后山东省区域经济保持高速、健康增长的重要战略选择。

具体而言,可打造特色"工业设计产业集群"。当前,山东省实施由"山东半岛蓝色经济区""黄河三角洲高效生态经济区""省会城市经济圈""西部经济隆起带"以及"沂蒙革命老区"等组成的区域发展战略,解决区域经济发展不平衡问题。其中,山东半岛蓝色经济区制造业基础雄厚,青岛的工业产值在副省级城市中仅次于深圳和广州,发达的工业制造业、较为完善的产业体系以及前景广阔的海洋经济为设计业特色发展提供了强有力的支撑和保障。因此,在政策导向和国际资本的投向上,可关注与蓝色经济区工业发展相匹配的工业设计领域。例如,以青岛为中心打造"工业设计产业集群",在全球范围内整合、集中高质量的资本和智本,建设一批辐射性、带动性强的工业设计中心,并加大对游艇船舶、白色家电、家具制造、通信设备、皮革制造、纺织服装等领域的设计提升和品牌再造，形成集群优势。具体可优先发展"白色家电设计研发产业"，建设总部型"全球白色家电工业设计研发中心"，打造以白色家电为核心的全球工业设计高地。同时可重点提升"船舶游艇产业"的设计内涵，依据良好的船舶制造基础、旅游基础，以及帆船、游艇等新兴产业前景广阔的发展条件，打造国际首个集设计、制造、商贸及娱乐休闲于一体的帆船、游艇设计创意中心。此外，淄博也是山东省传统工业重镇，可作为"工业设计产业集群"的一个重点。目前，淄博市已率先成立山东省第一家融政府、高校、研发机构为一体的山东工业设计研究院，开展产业项目研发、设计策略研究、品牌活动策划，加大设计产业发展和设计决策的智力支持力度，就促进设计领域官产学研资源整合与设计成果转化、服务和推动产业升级进行探索。

在打造区域集群的同时，需切实提升工业设计的文化品质。提升工业产品品质，既要在设计中积极采用新技术、新工艺、新材料的创新成果提高产品质量，在工艺设计方面着重在加工制造便利、降低制造成本、减少环保风险、提高经济和社会效益等方面加以提高；也要重视文化提升，实现文化驱动，提振"山东设计"。山东自然和人文、有形和无形的文化资源，可通过设计转化为经济发展的资本，也只有使经济发展更多地依靠文化和创意等软性要素驱动，才能实现发展方式的本质转变。如淄博陶瓷产业虽基础优势明显，但设计创新能力不足、产品形式单一、文化附加值低，目前仍以中低端产品复制、加工为主，严重制约了陶瓷产业的发展。淄博陶瓷可在工业陶瓷、日用陶瓷、艺术陶瓷设计方面,加大文化含量、技术含量和创意含量。此外,2012年以来亚太经济区高端消费品行业活跃性依旧凸显,青岛的游艇业、淄博琉璃以及部分手工艺产品、旅游产品、高端住宅等,都具备通过设计提升档次和增值的空间,可加强传统文化资源的设计创意转化能力,在产品的美学风格、符号表示、文化内涵、文化推广方面加以提升,使"山东设计"名副其实得到充实和提高。

此外,需把握"第三次产业革命"契机,发展"智能设计产业"。以3D打印技术为重要标志的"第三次工业革命"已经兴起,运用虚拟现实技术、物联网技术、云计算、智能显示技术和3D打印技术等智能技术的"智能设计产业"时代已经来临,特点在于设计系统高度集成、产品原型快速生成、复杂形体透明构成,并通过条形码、图像识别等技术成功接入物联网,通过手机等智能终端实现现实世界与虚拟世界的链接。如海尔推出的"海尔物联之家U-home"创新项目,就是通过自主研发的多款物联网核心控制芯片,整合电网、通信网、互联网、广电网与家电的对话,实现三屏合一和三屏联动,从而催生更多的商业机会和创新的生活模式。未来包括电子与信息技术、生物工程和新医药技术、新材料及应用技术、先进制造技术、空间科学及航空航天技术、海洋工程技术、新能源与高效节能技术、环境保护技术、现代农业技术、微电子技术在内的新技术创新速度将提速,包括高强轻型合金材料、高性能钢铁材料、功能膜材料、新型动力电池材料等在内的国家重点发展材料产业也将进入黄金增长期,这些都将为设计产业可持续发展,以及通过设计产业影响并拓展其他产业提供强大的科技支撑。同时,市场的竞争、消费者的比较将促使高技术经营者利用设计手段来应对变化着的市场和需求,发展"智能设计产业"势在必行。

四、服务旅游产业的体验设计

当前,山东旅游产业已经树立"好客山东"品牌,其核心是要使旅游产业深入到体验经济层次。因为在信息技术、经济和文化整体发展的大趋势下,旅游产业还将经历一次重大转型,传统的旅游资源、旅游项目需要新的、深度的设计整合与开发,需从传统的旅游产品与旅游项目营销转向搭建旅游体验平台、营销互动式的旅游体验。这一转化趋势就像手机从单纯的通信工具转化为智能终端,硬件产品的背后链接附着的是无穷尽的信息资源。而且随着微博、微信发展,自媒体时代到来,可借助平台以吸纳传播大众的创造力,实现形式的非物质化、功能的超级化,使设计脱离物质层面,向纯精神的东西靠近。开展体验设计,促进旅游产业发展已经提上日程。

在战略定位层面,开展目的地形象的战略设计。考虑以有形产品为基础,以附加产品为支撑,以延伸产品为差异化手段和竞争重点的整体产品集群,包括土地、产业、基础设施与环境、地方文化与品牌、人文精神等多种要素。具体开展文化策划与企划,深刻挖掘齐鲁优秀历史文化以及诸子百家思想,在山东文博领域、文化园区、主题公园、文化空间、影视演艺活动、文化出版、商业活动等文化策划中体现"山东特色"。同时,开展城市空间文化形象系统设计与规划。立足山东历史文化,从城市整体社会氛围、文化氛围、城市理念角度,结合城市的自然地理环境、城市布局、城市形态、地方特色等方面对城市空间进行全方位的规划和设计,使城市色彩、景观、形象等富有设计内涵,保留历史底蕴,凸显地方特色,富有当代气息。

在人文精神层面,加强文化体验设计与开发,具体可与山东省正在实施的"乡村记忆工程"紧密结合起来。运用物质和非物质文化资源,丰富体验内容。比如胶东祭海节等民俗仪式,是仪式性的旅游资源,能够将人带入某种情境,感受传统习俗并经历文化洗礼。又如内容体验,齐鲁文化博大精深,有数千年历史人文积淀,深埋着成千上万的生活故事,以故事化主导博物馆设计,可引领消费者感受文化主题,从浩瀚的人文历史中获得独特的文化体验。此外还有创意互动体验,比如开发相关艺术主题博物馆、举办主题艺术节等,吸纳人们共同参与当代艺术创意和设计,形成一系列丰富的交流体验活动。

在具体感受层面,加强与之相关的产业开发。比如法国在顺应工业化、全球化趋势的同时,始终有意识地守护和保持对土地、农业,对旧产业和古老习惯、爱好的捍卫,葡萄酒、服饰、化妆品,这些代表着对人类古老感官价值执着和迷恋的东西,成就了"法国制造"极具竞争力的差异化产业和品牌。一方面,一些传统的名优特产如何提升到国际品牌高度,需要有效的体验设计开发。另一方面,需进一步壮大我省旅游文化产业。目前,山东农村文化旅游产业正处在一个由"自然到人文"、从"粗放到精致"的转型探索过程中,而勾连这一转型的核心要素之一就是设计与创意。从国际经验来看,现代农业的发展已经突破了局限在种养殖范围内的传统农业范畴,以传统种养殖业为中心,向产前、产中、产后环节逐渐延伸,并与文化旅游等业态广泛交叉,形成包括种养殖生产体验、农产品创意加工和品牌认证以及旅游餐饮、文博场馆、科普教育等一体化的涉农文化旅游产业体系。

因此,可具体发展创意农业和贴牌农业。创意农业通过对以农为本的文化体系的解读、挖掘、梳理,进行生产创意、生活创意、功能创意、科技创意、产业创意、品牌创意和景观创意,通过营造优美意境,创造农民独特增收模式,促进社会主义新农村建设,以实现农业增产、农民增收、农村增美的新型农业生产方式和生活方式。贴牌农业作为创意农业的新兴产业形态,是以有机农业为基础,以生产、加工、认证、创意设计、推广宣传与销售为产业链的文化产业形态,产品附加值较高,在国际上深受消费者认同。由此带动传统产业升级并充实旅游产业体验内容。

在旅游产品层面,加强标志性旅游纪念品设计。具体可加强山东手工艺品设计与旅游产品开发。例如,我们在"手艺农村"调研中看到,潍坊杨家埠发挥祖辈制作年画、风筝的手艺传统,结合旅游产业发展,突破年画、风筝的季节性生产传统,发掘传统手艺的艺术价值和文化价值,实现功能转换,开发礼品、纪念品、收藏品,创造了可观的经济和社会效益。因此可从山东手艺资源出发,加强特色旅游工艺品、纪念品设计,以小城镇或乡村原住地的生态文化、手工文化、乡村民俗文化以及农业文化、历史文化为主线,在不脱离原住地、不改变当地生产生活环境的基础上,设计开发体现原住地文化特点的旅游工艺品和纪念品。

整体上,形成全省旅游产品地图,使各地旅游纪念品具有唯一性,提升旅游文化内涵,从创意设计环节着手,拉动旅游消费。

五、创新内容产业的新媒体设计

数字内容产业是以创意为核心、以数字化为主要表现形式的新型产业群。从我省发展情况看,首先,要巩固"鲁剧"、纸媒等传统意义上的新闻出版影视等产业优势;其次,从数字媒介着手,改造现有文艺创作、生产和传播模式,推进数字媒体内容转化的产业化道路;第三,从设计原创入手,以齐鲁历史文化、民俗文化等为题材资源,打造一批如孔子、孟子、孙子及八仙过海、齐长城等代表齐鲁文化精神的精品力作,提升内容产业的文化特色和发展水平。

在传统意义上的新闻出版影视等产业方面,巩固"鲁剧"、《齐鲁晚报》等优势,保持传统媒体内容的专业性、客观性和经过深度锤炼的文化内涵,凸显地方文化品牌和特色。同时,进一步促进传统媒体与新媒体合作,汲取数字技术,创新营销模式,实现新老媒体共同发展。

在数字媒介方面,须全面加强计算机、网络等技术的数字动画与新媒体设计与制作,移动通信技术的数字游戏与音视频设计,数字影视特技的数字影像设计与制作,商业和时尚产业的数字摄影摄像艺术设计,数字虚拟制造技术的各种软件程序开发与设计。正是在技术驱动的大趋势下,媒介形式的改变如逆水行舟,不进则退,即便是网络媒体,从门户到搜索引擎,再到社交媒体,仅入口就早已多样化、碎片化,媒介形式迅速更迭,"新媒体"一再沦为"旧媒体",发展数字产业需把握设计研发的先机。从山东省看,浪潮集团可发挥重要的引领作用。据悉其基于云计算技术的智慧城市云应用方案已发展到 26 个省级区域,并为全球 40 多个国家和地区提供 IT 产品和服务。在此基础上,加强设计研发与营销,在大数据、多媒体搜索引擎、多媒体服务器等方面实现新的突破,并发挥辐射和带动作用,对提升数字产业水平具有关键意义。

在数字内容原创方面,需借助计算机数字技术和商业模式创新,通过设计创意手段,促进儒家经典的当代传播和齐鲁文化要素推广,发展以山东传统艺术元素为原创母体的数字内容产业。具体加强儒家经典及齐鲁文化的数字化设计转化,开展形象、媒介、传播方式等全方位研发,发掘其产业价值和文化战略意义。此外,以民间文学为例,在青岛地区 3 344 个非物质文化遗产项目中,以海洋为主题流传的民间文学,占到所有项目总数的 54%,是名副其实的"民间文学的海洋"。传统的民间文学艺术可以为数字内容产业提供无穷的创作源泉。传统的民间文化借助科技和设计,并与内容产业、出版业、影视业融合发展,可强化本土文化特色,传承和弘扬本地优秀文化,并有助于创新产业业态,拉长并深耕产业链,提供更多就业机会,拓展创富空间。在具体实施过程中,可尝试与全球领先影视制作公司合作,挖掘山东传统文化内容的优势资源,集合复合型产业人才,发展集"生产、营销、播映和衍生产品开发"于一体的产业体系,加快数字内容产业发展。

此外，充分发挥区位优势，对接日、韩数字内容产业。数字内容产业是韩国第一大产业，韩国是世界第二大网络游戏大国。日本是世界上最大的动漫制作和输出国，全球播放的动漫作品中有六成以上出自日本。青岛、烟台、威海地处中日韩"一小时经济圈"核心区域，借力日、韩数字内容产业的技术优势和产业基础，适宜打造成为原创内容研发、生产外包基地和数字版权交易中心。

六、整合文化资源产业的艺术设计

艺术设计具有资源整合、跨界联动作用，可促进既有文化资源的开发与利用，形成特色产业，增强发展活力。从山东发展实际看，传统手工艺与艺术设计结合，具有广阔的发展空间。当下，以山东农村手艺产业为主导的传统文化资源转化为现代生活内容消费的速度正持续加快。山东农村手艺产业总产值已超过 1 000 亿元，仅临沂柳编手艺产业出口创汇产值就超过 60 亿元，占全国柳编出口总量的 60％。[7]手工艺产业是农村文化产业的核心增值部分。以手艺带农户、以农户带农村、以农村带基地、以基地带销售、以销售带贸易、以贸易带文化的良性发展模式已成为山东农村文化产业发展的特色。加强相关设计服务，可促进手工艺品与电子商务对接，如构建城乡"手艺超市"连锁经营模式、手艺"产权银行"交易模式、创新 B2B/B2C/G2B 在线网销模式等。但渠道的创新需与持续的设计创意相呼应，以响应快速变化的市场需要。如博兴县湾头村，虽手工产品与电商实现了深度对接，并实现了可观的经济效益，但如果不能形成持续的产品设计创新能力，市场萎缩在所难免。在发掘传统手工艺等文化资源、促进特色产业发展的过程中，可充分发挥设计引领的特殊作用。

此外，从城市发展角度看，还需重视艺术经济对城市的拉动提升作用。当前，艺术品价值高幅增长，驱使金融资本开始高度关注艺术品市场，出现新的投资领域。艺术品市场与金融资本开始对接，艺术品信托、艺术品基金、艺术品银行、艺术品股票等艺术金融产品的组合创新，加速了艺术品投资的多元化进程。艺术金融产业作为山东文化产业的金融创新，其发展前景值得期待。具体可加强山东艺术品与金融产业的设计转化，发挥金融杠杆作用和艺术经济的拉动作用。

总体上看，"设计新六艺计划"旨在以设计为关键环节，以"六艺"为文化根基，从山东丰富的历史文化资源出发，探索儒家传统文化资源创意增值与产业开发的路径，以期理顺历史与当代、传统与时尚、文化与创意之间的脉络与关联，推动实现传统历史文化资源的转化应用，促进设计人才培养，推动山东设计产业及其他传统产业的转型提升和特色发展。作为针对山东设计产业可持续发展的定制式方案，"设计新六艺计划"在规划上既考虑设计创意对设计产业主体的推动性，也力求使设计资源充分融入农业、制造业和服务业等传统业态中，实现设计产业与传统"三产"的跨界转型。通过促进文化资源设计转化，夯实设计

教育养成基础,推动相关产业升级创新,破解山东经济文化发展
过程中遇到的现实问题,因地制宜、因势利导将文化资源优势转
向设计发展强势,切实发挥产业提升和文化引领作用,助推经济
文化强省建设。

注释

[1] 2013 年中央经济工作会议公报,http://www. xinhuanet. com/
fortune/2013zyjjgzhy. html。

[2] [英]詹姆斯·莫里斯(James A. Mirrlees)2005 年在第八届科博
会中国经济高峰会上关于"中国经济增长与可持续发展"圆桌对
话上的发言,http://www. cqn. com. cn/news/zgzlb/diba/67434.
html。

[3] 该计划鼓励学生参加艺术与设计类国际竞赛,推介获奖成果与产
业对接,促进设计人才培养的国际化,推动产业转型升级。截至
2013 年已培育出 400 位国际设计竞赛得奖人,拓展了台湾设计教
育力量。

[4]《山东非物质文化遗产保护工作巡礼———山东省非物质文化遗
产 4. 398 万项》,《大众日报》2011 年 11 月 18 日。

[5] http://news. xinhuanet. com/politics/2014-01/22/c_119087744.
html.

[6] 山东省统计局、国家统计局山东调查总队:《2006 年山东省国民经
济和社会发展统计公报》《2007 年山东省国民经济和社会发展统
计公报》。

[7] 潘鲁生:《手艺农村———山东农村文化产业调查报告》,山东人
民出版社 2008 年版。

(原载《山东社会科学》2014 年第 6 期)

传统工艺振兴与设计创新

　　传统工艺是一个民族文化的重要载体，是一种综合了生产、生活、审美的活态文化体系。从国际社会看，传统工艺的保护与发展是一个深刻持久的过程，诸如英国"工艺美术运动"、德国"包豪斯"等，倡导传统工艺与现代设计的结合，衍生出今天兼具创新品质与美学价值的产品体系。自古以来，中华民族重视工艺造物，传统工艺凝聚农耕文明的丰厚积淀，作为中华文明演进过程中累积的造物经验，创造了灿烂的工艺文明。从近现代发展趋势看，自20世纪二三十年代，民间艺术被作为重要的精神价值和审美资源，纳入中国现代文化构建中。新中国成立后的20世纪50到70年代，传统工艺作为对外贸易的重要抓手，在国家经济建设时期发挥了重要作用。改革开放以来，传统工艺经历了理论的深化和保护实践，形成一系列植根中国现实并具有中国文化使命的系列成果。党的十八大以来，国家高度重视中华优秀传统文化的历史传承和创新发展，一系列引导和促进传统工艺发展的政策相继出台,强调坚定文化自信,实施传统工艺振兴计划,使传统工艺真正在文化复兴的意义上受到重视,开启了更深层次的文化传承和创新,迎来文化振兴发展的机遇。

一、当代为何振兴传统工艺

乡村是孕育民间传统文化的母体,保存着中华民族宝贵的文化基因,是传统工艺的富集地。国家在推动现代工业化、城镇化快速发展的同时,传统的乡土文化生态也发生深刻变化。传统的中国乡村长期以自耕自足的农业社会形态为主,形成了以儒家为主又儒释道合一的传统价值观,是一个独特的文化生态系统。在社会转型过程中不可避免地带来一系列问题:农村劳动力外流造成文化传承与发展的主体缺失,减弱了乡村文化发展后劲。传统村落空间、民俗民艺样式等文化资源遭到不同程度的破坏,文化资源流失加剧。这些引发了当代农村的乡风民俗、伦理道德等一系列问题的思考。

我在长期调研中发现,传统工艺面临严重的发展困境:传统工艺品种数量大幅减少,大批优秀工艺资源已消亡或正处于消亡边缘;传统工艺传承人存量不足,老龄化严重,后继乏人;大工业发展,致使不少以使用功能为主的传统工艺品被新材质、新形态的工业产品取代,传统工艺及其技艺语言在一定程度上失去了物质载体、文化语境、情感温度与生活关联;由于传统工艺创造性转化与设计创新能力欠缺,贴牌代工、来样加工盛行,品牌竞争力不足;传统工艺产业开发过程中普遍存在功利化问题,导致传承力、原创力下降;同时,由于缺乏工艺质量体系监管,存在诸多假冒伪劣和虚假宣传问题,制约了传统工艺的可持续发展。

面对当前问题现状以及未来发展的现实需要,国家战略呼唤传统工艺价值回归。习总书记明确提出"以人为核心"的新型城镇化方针,将乡愁、记忆、自然环境、文化生态等具体而深层要素纳入规划和考量;社会倡导"工匠精神",重视民族文化创造力和专业精神的重塑;新时代"美好生活"需求主导人们消费结构升级,传统工艺所蕴含的经济边际效用、生态循环意义、生活审美意蕴和人文社会价值等特点,恰好契合和满足了消费转型过程中民众对创新转化的心理需求;党的十九大以来,"乡村振兴"成为国家发展战略,乡村振兴的内涵既包括物质上的富裕,更包括精神上的富足,农村是传统工艺的富集地,"乡村振兴"战略必将拓宽传统工艺发展空间。

二、我们如何振兴传统工艺

笔者认为,传统工艺振兴是个系统工程,应遵循"保护、传承、创新、衍生"四项原则。首先,保护是基础,要突出原汁原味,续存文化种子。具有鲜明民族历史文化特色但处于濒危困境的传统工艺必须加强抢救和保护,保护不能局限于工艺本身,还需修复其赖以生成和发展的生活土壤。传统工艺的保护涉及政策立法和文化生态修复,是全社会共同的责任,政府、手工艺人、专家、公众以及社会各方要共同行动。

其次，传承是关键，要兼顾个体与集体，构建传承体系。促进艺人传承与公众传习，激发民众对于传统工艺的主体参与感和集体存在感，使广大民众、万千生活主体成为丰富多彩的民间文艺的创造者、享用者和传承发展者。

第三，创新是生命，要融入当代生活，重塑工艺文脉。创新要适应新的生活方式，植根传统，唤起平常生活文化的美学价值，唤醒传统美学精神、生活态度。要以传统工艺资源为重点，开展战略性、生态性、生产性和创意设计研发，以当代设计观念转化传统工艺样式，以传统工艺文化资源转化当代设计语言，以品牌设计转化传统手艺代工，在设计实践中实现优秀传统文化的传承和创新。

第四，衍生是趋势，要跨界融合，探索多元发展路径。促进传统工艺与相关产业跨界融合，培育和发展以工艺设计与体验为核心的创意农业、创意生活产业、创意生态产业等新兴文化产业业态。同时，探索新技术、新经济、新业态条件下的多元发展路径，例如当下"互联网＋""数字制造"等技术平台正在改变传统工艺商业模式，衍生工艺设计制作新路径。

三、促进传统工艺设计创新

当前，在信息技术、文化消费等新的发展机遇下，传统工艺的经济叠加价值更为显著，内贸发展潜力较大，已成为新的经济增长点。加强我国传统工艺产业发展有如下建议：

一是构建工艺美术产业创新体系，全面拓展国内、国际消费市场。建议加强工艺美术产业"创新链"建设，制定"工艺美术产业创新发展规划"，关注传统工艺产品及服务，引导传统工艺产品在研创、生产、销售、服务等方面系统化发展，并不断完善工艺美术产业配套政策措施，健全"中国工艺美术产品质量标准"，实施"工艺美术市场分级认证机制"，建设"工艺美术知识产权服务托管平台"。

二是推进工艺美术"产教融合"，构建"产学研创"互动发展机制。开展部校共建，建设"国家工艺美术研发创新中心"，推进工艺美术产业链、人才链、学科链有效对接。开展"大国工匠国培计划"试点工作，形成适应工艺美术产业升级以及产业融合所需的"大国工匠蓄水池"。成立"国家工艺美术扶贫公平贸易机构"，健全我国工艺美术公平贸易机制，为相对闭塞贫困地区的工艺美术生产者提供公平贸易信息，引导公平贸易发展。

三是发展工艺美术产业"民生工程"，推广"一村一案"的"手艺农村"扶贫助困工程。在工艺美术资源丰富的地区，建设"农村工艺美术合作社"，发展龙头企业和农民专业户合作经济组织，建立以手艺带农户，以农户带农村，以农村带基地，以基地带销售的经营模式。针对边远贫困地区和少数民族地区，实施"传统工艺美术复兴计划"，开展创意研发、交流培训等文化帮扶。在有条件地区建立"农村工艺美术研发培训基地"，搭建产学研协作平台，促进高校师生、企业设计师和手艺农户等开展交流协作，倡导"设计服务民生"。

　　四是积极响应国家"一带一路"发展倡议,在文化自信与开放中推进国际合作。在工艺美术产业发达地区,如广东、山东、福建、浙江、上海、北京等地构建"国家工艺美术产业离岸文化交流中心",拓展海外市场。打造"闽台两岸工艺美术区域合作试点链""以浙江为龙头的南太平洋沿线工艺美术区域合作试点链""以广东为龙头的海上丝绸之路沿线工艺美术区域合作试点链""以山东为龙头的东北亚工艺美术区域合作试点链""以云南为龙头的东南亚工艺美术区域合作试点链""以河南为龙头的中英沿线工艺美术合作区域试点链"和"以陕西为龙头的中亚工艺美术区域合作试点链"等7个工艺美术产业隆起带,设立外向型工艺美术合作机制试点区域,构建工艺区域合作机制。同时,要引导我国本土工艺美术企业品牌建设由追求质量向追求品质升级,加强工艺美术自有品牌本土化经营与管理,并通过合作与并购品牌提升国际化运作能力,深层次发掘工艺美术品牌的国家气质,用国际市场认同的语言诠释品牌的核心文化价值,推进中国品牌的民族文化特质国际传播与认同。

　　在国家战略的指导下,守护民族造物文脉根基,保护民族工艺文化基因库,具有重要的战略意义;在社会转型发展的关键阶段,以设计创新提升传统工艺产业发展水平,并促进相关业态融合,具有重要的经济意义;在人民美好生活需要的新时代,发挥传统工艺的文化实践作用,丰富群众文化生活,引领生活方式升级,增强文化凝聚力,具有重要的社会及文化意义。

（原载《天工》2018 年第 8 期）

国宴设计《普天同庆》 中华人民共和国成立 70 周年国庆招待会·剪纸纪念品 设计总监:潘鲁生 作者:董林美

辑三

设计现象

设计的嬗变与创新

——2015 年度设计热点思考

回顾 2015 年,可以看到设计领域呈现一系列热点和趋势,包括国家政策进一步构建设计产业重点;科技潮流彰显设计创新趋势;民生需求与设计人文关怀呼应;互联网语境重塑设计视觉语言;传统工艺振兴充实设计内涵,涉及经济、科技、民生、文化各领域,其中包含新的命题,带来新的思考。

一、国家政策,构建设计产业重点

首先,"双创"政策掀起新一轮创新浪潮。2015 年 6 月,国务院发布《关于大力推进大众创业万众创新若干政策措施的意见》,对支持政策进行全方位部署。9 月,《关于加快构建大众创业万众创新支撑平台的指导意见》发布,这是加快推动众创、众包、众扶、众筹等新模式、新业态发展的系统性指导文件,为推进大众创业万众创新提供了强大的支撑。10月,作为国家最高层次的双创成果展示平台,"全国大众创业万众创新活动周"的举办推进了创业创新要素的聚集对接,进一步激发更多群众的智慧和创造力。经历数十年自上而下的创新模式后,基于自由市场的"双创"热潮形成。据统计,前三季度全国专利申请量达187.6万件,同比增长22%,其中发明专利、商标注册申请量分别达70.9万件、211.5万件,同比增长21.7%、36.62%。正所谓"中国经济不只是大船经济,也是千帆经济,不只是大树经济,也是万木经济。万类霜天竞自由,创新型国家才能建成"。经济越往前走,模仿空间越小,越需要自己创新,设计创新是必由之路。设计创意具有无处不在的生活普及性,设计服务具备与更多产业领域跨界融合、催生裂变新型产业业态的强大功能,设计是"双创"的重要桥梁。

过去一年里,《中国制造2025》发布,是实施制造强国战略第一个十年行动纲领。应该看到,通过技术进步和产业政策调整重获制造业优势,几乎是所有工业强国的选择:美国制定了"再工业化""先进制造业伙伴计划",英国提出"高价值制造"战略,法国也提出"新工业法国",日本实施"再兴战略",韩国抛出"新增动力战略"。在众多工业强国纷纷出台各种工业升级计划之时,《中国制造2025》出台,提出提高创新设计能力,培育一批专业化、开放型的工业设计企业,设立国家工业设计奖,激发全社会创新设计的积极性和主动性。相关统计显示,目前我国制造企业在工业设计方面的平均投入比为1%。而在欧美发达国家,工业设计上的资金投入一般可占到总产值的 5％到 15％，高的甚至可占到 30％。我国制造业大而不强，在设计投入上还存在短板。实施制造强国战略设计是产业升级的重要动力。

2015 年，"互联网＋"行动计划出台，新的社会化创新关系形成，利用互联网推动工业企业的技术创新，这是一场真正的"新工业革命"。中国核电"华龙一号"的堆芯设计，通过互联网聚集了 20 多个城市的 500 多台终端和近万人的力量，集中进行攻关；大连创客企业用网上注册平台汇集 28 万名工程师，为 3 万台机床的技术改造升级提供解决方案。"创客"群体、"群件"技术兴起，设计更具参与性和开放性，以开源、众筹、社会化的组织形式实现设计构想，设计模式发生改变。正所谓"互联网＋双创＋中国制造 2025＝新工业革命"，7 亿网民，市场巨大，集众智成大事，发挥"中国智慧"叠加效应，通过互联网把亿万大众的智慧激发出来。

总之，"设计的历史也是社会的历史：解读变化的前提是理解设计与现代经济的相互作用"。一系列政策颁布，有助于实现设计驱动，破除产业瓶颈，发挥战略性的导向作用。设计中文化的、知识的、信息的、科技的乃至心理的因素在智力经济发展过程中将越来越具有决定性作用，在传统产业结构调整和转型升级中发挥关键作用。

二、科技潮流，彰显设计发展趋势

2015 年，智能技术进一步发展，传统设计模式、生产模式、商业模式和生活方式进一步改变。在虚拟设计中,设计系统高度集成、产品原型快速生成、复杂形体透明构成。数字制造发展,直接根据计算机图形数据,打印生成产品。物联网传播加强,通过条形码、图像识别,原本不具有计算或数字感知特征的事物成功接入物联网;智能化生活拓展,自动化操作、信息化处理改变生活方式。

智能设计成果更加丰富,涉及衣食住行用各方面。如可穿戴设备监测健康,采用智能传感器技术,记录身体数据,应用分析程序,产生个性化医疗方案和体重管理计划。智能食品体系提升食品监测透明度,智能设备改变烹饪方式。物联网智能家居带来方便和全新体验,对能源消费、城市交通、智能环保产生重要影响。有关研究机构发布的最新报告预计,未来五年全球智能家居设备和服务市场将以每年 8%～10% 的速度增长,到 2018 年市场规模将达到 680 亿美元。智能交通和无人驾驶车辆进一步发展,2015 年 12 月第二届世界互联网大会,百度的无人驾驶汽车首次亮相。物联网 APP 实现集约化与个性化服务,万物互联一键可通。

总之,科技推动设计服务两大制高点:大制造和微制造。大制造,包含高铁技术、集成创新系统等,是设计制造网络的协同与合力;微制造,面向定制化、个性化、多元化市场需求。如相关研究预测"设计者将成为数据库设计者、元设计者,不是设计具体物品,而是定义设计空间,以便更多网络用户参与和实现设计"。

三、民生需求,呼应设计人文关怀

如果说"虚拟世界的巨大冲击和回归真实的强烈愿望交织在一起",那么设计回归真实,民生仍是根本出发点。2015 年 6 月下旬,住建部紧急部署在全国范围开展老楼危楼隐患排查,警示建筑设计质量与安全,提升"为民设计"的安全度。与此同时,环保再成焦点,生态设计内容细化。如"2015 米兰世博会"意大利馆设计理念在于使都市里的钢筋水泥森林变身可吸霾的"绿肺"。穹顶之下,雾霾之中,生活继续,创意不止,各类防霾口罩的设计创意科技化、时尚化并存异彩纷呈。此外,2015 年,老龄化设计持续发展。以老年用户为中心的设计研究相继展开,包容性设计、无障碍设计、全寿命设计等进一步发展。

与此同时,交互体验设计进一步发展。设计弥补浮华年代造成的缺失,治愈系成为主流。如相关研究指出,"随着现代社会智能化、人性化、情感化产品设计的发展,传统工业设计往往只注重实用与美观,从造型、色彩、材质、工艺、技术等方面已经难以有所突破,造成产品间的无差别化或相似性;交互设计的应用而生,恰好是对产品内涵的体现,它是一种偏向服务和人机交互以及界面交互的设计,强调用户体验和行为体验,使产品能够达到'由外而内,软硬兼施'的效果"。

城镇化进程中的公共艺术设计进一步受到关注。如山东莱州初家村公共艺术作品"村碑"营造,下半部分开设壁龛,方便村民供奉土地神,祈福纳祥,为村落有力拓展出富有凝聚力的人文空间。城镇化进程中的公共艺术设计,创造对话平台和互动体验空间,弥合人与人、人与社会、人与自然的裂痕,促进社会和谐。

总之,设计是承载生活方式的"容器",包含社会价值观念。设计将越来越少地关注产品外观,更多着眼促进情感交流,应对民生诉求。

四、互联网语境,重塑设计语言

大数据发展,数据可视化设计蔚然成风。"ICCS 2015"在冰岛雷克雅未克举办,主题包括可量化的科学算法和新兴领域等,虽是新闻业的会议,却吸引众多跨行业设计师和程序员参加。未经处理的原始数据表格缺乏吸引力,数据可视化设计成为新兴产品。

同时,信息爆炸时代界面设计倡导隐形设计。"优秀的设计是隐形的"理念更加突出,设计要承载信息,而非阻碍信息。此外,微传播时代,图标设计的传统内涵发生改变。相关研究指出,为适应越来越小的阅读界面,设计师们研发新一代图标以适应全新的展示界面。青少年、儿童甚至婴幼儿正经历一个与"前辈"完全不同的视觉动态世界。"如今一个青少年看到一个云形图标第一反应是数据存储而不是下雨。三条叠加的曲线不再单纯意味着彩虹,而是沟通或无线上网信号的代表。即使是一个汉堡包的图标也可以被赋予全新的与食物无关的意义。"而且随着视觉平台的普及,设计参与者更加多元。尤其社交类数字视觉产品走红,女性在设计行业中占据的分量越来越重。网络信息环境里,人人都有视觉理念,都有表达的可能。

总之,视觉设计的呈现方式随着媒介多样化不断丰富,从一维到多维、从静态到动态、从受众被动到主动参与,都在发生深刻变化。

五、传统工艺振兴,充实设计内涵

2015 年,大国工匠、传统工艺受到关注。应该说,大国工匠的失落,是文化创造力的失落,大国工匠的复兴,是中华文化精神的复兴。重塑大国工匠,也是复兴中华造物文脉。

传统工艺成为创意文化战略资源,传统文化成为设计新的"生长点",传承人培训与设计人才工艺传承实现双向融合,传统工艺融入当代设计也是趋势所在,具体是以当代设计观念转化传统手艺样式,以当代设计语言转化手艺文化内容,以当代设计创意产业转化传统手艺产业,以品牌设计转化传统手艺代工。因此我们也就民艺复兴与设计文化发展提出六点建议,即进一步开展民艺研究,激发中国民艺的学术自觉;实施立法保护,重新修订《传统工艺美术保护条例》;加强政策扶持,制定"促进传统工艺产业的发展规划";完善国民教育,将手艺纳入国民教育体系筹考虑;开展公益服务,为手艺人搭建"公平贸易"桥梁,推进设计转化,加强工艺资源当代设计转化。

总之,传统文化资源在今天仍有巨大的需求空间,关键是找到生活追求等传承不息的精神支点,通过有效的创意和设计转化,使之在今天的社会发展中发挥持续而深刻的作用。"中国制造"等产业价值的提升,不仅需要科技创新驱动,还要激发民间文化资源的价值和效能,赋予产业更高的文化、情感附加值,为产业发展注入文化的支撑力和持续动力。

回望 2015 年,设计变化与发展,是已有趋势的延续和深化,也彰显新的特点和趋向:国家政策体现经济改革重点,设计是创新的主渠道;国际科技潮流拉动生产、生活方式变革,设计领域扩大、要素重组,面临质变;虚拟与现实交错,民生需求焦点集中,设计仍是解决方案的探索者;网络化生存普及,设计语言在媒介丰富和变迁中发生改变;民族文化复兴,设计植根文化创新创造,是必由之路。

(原载《设计艺术(山东工艺美术学院学报)》2015 年第 6 期)

关于"海上设计"

——引领近现代中国时尚文化的
上海早期工商美术设计

近现代上海是一个以贸易为主的商埠城市,国内埠际贸易和国际贸易的迅速发展,不仅实现了商品的自由流通,也带来了文化的交汇与融合。上海开埠以后,一方面欧美等外来资本家、商人、侨民的大量涌入带来了新的产品、生活方式和消费需求,一方面因战争和政治等因素来到上海的富商、买办、新派知识分子、晚清逊臣等有消费实力的群体,使得上海成为全国乃至亚洲商品贸易和消费中心。近代化的过程中,上海民族工业在与外来资本的竞争中获得了相当的发展,其中纺织、服装等轻工产品生产的发展最为显著。在经济、社会、政治全面开始转型的时代背景下,上海形成了以"追求时尚"为主要表征的近现代工商美术设计基本面貌,它不仅塑造着日用消费品的形象,也制造着消费的潮流,从衣食住行用等生活的方方面面深刻冲击着封建秩序,形成了中西文化碰撞交融的独特文化现象。近现代上海工商美术设计的发展动力主要来自开埠通商后的海上贸易，因而本文采用"海上设计"来表述引领潮流的近现代上海工商美术设计，以求厘清近现代社会转型过程中设计艺术的发展脉络。

一、"海上设计"的时代背景

近现代的上海既是全国的商业贸易中心，也是全国的金融中心、轻工业基地、交通运输枢纽和文化娱乐中心，这些条件为上海工商美术设计的发展奠定了现实基础。

（一）工商业发展与都会城市的形成

早在明清时期，上海已经是重要的贸易港口，商业繁荣，有"江海通津，东南都会"的称谓。开埠前隶属松江府的上海县埠际贸易是主体，已经形成了一个以上海县为中转口岸，以河路、海路为主，面向全国的贸易网络。1843 年开埠后，洋务运动兴起以及欧美倾销商品大量涌入，国际贸易逐渐取代埠际贸易成为上海商业结构的主体，这对中国自给自足的自然经济结构产生了巨大冲击，上海商人群体结构也发生了变化。开埠前上海商人群体主要包括上海本地商人及外地客商，其中大多数是来自山东、山西、江西、浙江、安徽、福建、广东等地区的客商；开埠后其结构随之发生变化，外商和买办成为上海商人群体中最活跃的成员，他们经营的洋行在输出外来商品的同时也输出了西方

的消费观念。在这种商业格局主导下,上海开始由一个国内埠
际贸易港口向国际化商业大都市转变。

伴随着商业贸易而发展起来的上海民族工业多集中在以生
产日用消费品为主的轻工业领域,主要有纺织、机械、电器、服
装、皮革、橡胶等行业。其中纺织业所占比重最大。据统计,
1932 至 1933 年,上海全市纺织工业居首,其下依次是面粉业、服
装业、皮革和橡胶制品、纸张和印刷、化学工业(包括火柴、肥皂、
化妆品、药物和工业化学制品)[1]。这些行业投入少,技术含量
低,生产规模相对较小,民族资本企业最早是在这些行业的夹缝
中形成竞争力,并率先发展起来的。经济的发展、文化的交流和
国外侨民的大量涌入,还带动了上海印刷出版业的发展。1876
年 6 月,江南制造局专设翻译馆,徐寿等人从引进科学知识与配
合开办新式工矿企业的实际需要出发,制定了详细的翻译计划,
出版了大量的与实业相关的书籍。其后陆续在上海出现了《上
海新报》(1861)、《申报》(1872)、《东方杂志》(1904)、《良友画报》
(1926)等在近现代出版史、广告史上占有重要地位的大众传播
媒介。翻译及印刷出版业的发展给近代上海带来了最先进的科
学文化知识,也成为上海的工商业获得迅速发展的有利因素。

据统计,20 世纪 30 年代末,上海"人口三百六十万,中外银
行及其他金融机构二百余家,工厂三千余家,劳工三四十万,进
出口总额占全国百分之五十以上,专科以上学校达三十余所,中
外报馆通讯社多至百余家,而构成为世界第五大都市(其他四个
城市分别是纽约、伦敦、柏林、芝加哥)"[2]。1935 年,生活在上海
的奥地利画家弗里德里希·希夫(1908—1968)接受《维也纳报》

采访时描述了当时上海的发展状况:"无论是战争还是和平,无论是国内战争还是强盗入侵,这个巨人般的城市经受住了一切,不断地生生灭灭……新的商行、住宅、办公楼、夜总会和电影院平地而起,只要你眼界开阔、关系通畅、胆子又大,就会有做不完的事情。"[3]规模巨大、工商业发达、中外经济文化交流频繁、华洋杂居、生命力顽强,上海作为一个新兴的都会城市逐渐为世界所认同,并且在自然经济占主导地位的中国形成了经济文化辐射力。

(二)"海上设计"的时尚土壤

对于近现代的中国来说,直接与世界对接的上海不仅是一个工商业繁荣的大都会,也是一块文化高度发达的时尚高地。在这个因开埠通商而迅速膨胀的城市中,工商贸易交流还带来了国际前沿的消费潮流,形成了生成时尚设计的土壤,时尚用品与自由生活成为人们的重要追求,"海上设计"与时尚文化紧密地联系在一起。新感觉派作家穆时英(1912—1940)的小说《黑牡丹》中的女主角这样描述:"我是在奢侈里生活着的,脱离了爵士乐、狐步舞、混合酒、秋季流行色、八汽缸的跑车、埃及烟……我变成了没有灵魂的人。"从这位被认为是"与上海这座最具现代精神的城市气息相通"的作家的文字勾勒中不难看出,有钱有闲、追求潮流的社会人士对设计所营造的商品世界的过度依赖,时尚消费成为重要的生活追求。

与时尚消费联系最直接的是零售业的发展。开埠以后,以英国殖民者为领头羊的外国侨民、商人在上海开设了银行、洋行及各类零售百货公司。福利公司创建于1847年,是上海第一家英商开办的百货公司,这类洋行成为"舶来品"的集散地。第一次世界大战开始后,很多外商、侨民离开上海返回宗主国,所开设的银行、洋行、商店便由华人接手。同时在孙中山的号召下,许多海外经商的华侨,纷纷到上海来开办百货公司和商店,先施(1914)、永安(1918)、新新(1926)、大新(1936)四大百货公司先后建立,与高级旅馆、电影院、舞厅、茶楼、食品点心店、绸布店、照相馆和各种专卖店共同构成了南京路的商业景观。商行里的时尚商品应有尽有,以永安公司为例,顾客只要向公司提出商品名称,公司就会设法满足他们的需要,因此世界各地的商品几乎都能买到,同时公司还要求职员时刻钻研"上层社会"的爱好,在国内外搜罗质量好、花色新颖的产品,或定制或自制各种新产品,以满足消费者的需要[4]。这种逐渐被放大的消费需求的终端导向就是时尚消费。活跃在十里洋场的洋老板、大商人、留学生、阔太太、洋小姐、舞女等各色人流出于交际或者炫耀的需要竞相购买奢侈品,追逐时尚,同时又在更广的社会范围内制造并引领着消费的潮流。

近现代上海时尚消费潮流的形成是多种因素造成的。首先,商品贸易的流通是形成时尚消费的基础。开埠后舶来的商品、广告、电影等逐渐渗透到人们的生活中,影响着人们的生活方式,同时也冲击着人们既有的消费观念和审美趣味,促进了时尚设计的产生。以近现代上海的外来广告为例,一般由国外的企业提供外文图稿,而由上海经办的广告代理商把人物形象改为中国人,文稿翻译为汉语[5]。这类广告对上海广告设计者的影响很大,广告原图来源地的流行趣味直接通过广告植入上海,带来了新的消费观念和审美取向。其次,外侨、留洋学生、买办、归侨和民族资本家等有消费实力的群体以消费来获得自身身份的社会认同。这些人思想开放、观念超前,经常出入宴会、舞厅、影院、茶楼等消费娱乐场所,成为开风气之先的人物,其消费选择催生了大众时尚潮流。再次,报纸杂志、电影、唱片等大众传媒的发展对时尚潮流的形成起到了推波助澜的作用。例如电影皇后胡蝶受到《良友画报》等出版商家的追捧,其典雅华贵的装扮成为潮流的化身,演员胡蝶也因此成为一个由大众媒介与商业营销共同塑造的时尚消费符号。

二、作为时尚表征的"海上设计"

"海上设计"曾经在半个多世纪的时间内塑造了近现代上海的时尚面貌,引领着中国的设计潮流,同时也给人们带来了缤纷多彩的生活方式,并在某种程度上冲击了长期禁锢中国的封建礼法,促进了西方现代工商文明在中国的生根发芽。构成近现代上海时尚面貌的"海上设计"是多元的,我们主要对服饰装扮、月份牌年画、香烟广告、家居用品、橱窗广告、美术赛会等典型工商美术品类及现象进行重点梳理。

(一)服饰装扮:趣味之变与思想解放

着装反映了人的审美观念、知识修养和身份地位。近现代上海开风气之先,传统衣冠制度在这里最早被打破,"时髦""摩登"成为新式服饰的集中写照。程大利认为新式服装在上海的流行主要有两方面的原因:一是因为传统礼教逐渐被打破,人们对"服色正朔""辨等次,昭名分"等儒家礼法要求不再顾忌;二是对西洋文化的崇尚,正如林语堂所说"西装之所以成为一时风气,为摩登女士所乐从者,唯一的理由是,一般人士震于西洋文物之名,而好为之效颦"[6]。除此之外,还有一个很重要的原因是普通民众对自由生活方式的追求渐成风气,反映了时代革新的气息。

女士时尚服饰以旗袍为代表。旗袍本是满族妇女喜爱的服装,20世纪20年代以后,经过重新设计的旗袍从上海开始流行起来。最先出现的改良旗袍是"严冷方正",有清教徒的风格,后来采用西式服装做法,宽体宽袖日渐变窄,去掉了无意义的装饰。整体趋向简练,衣式呈现出一种S形曲线感,强化了女性的形体美。新潮女性旗袍穿法多样,大多数人喜欢将旗袍和西式服装搭配起来穿,荷叶袖、开叉袖,还有下摆缀荷叶边,或缀不对称蕾丝。西洋女式大衣30年代随烫发一起传入中国,因此大衣、旗袍、高跟鞋、卷发成为时髦的象征,这些在当时流行的月份牌年画中多有体现。汉族传统妇女着装讲究"三绺梳头,两截穿衣",而男子衣饰多是"上下一体"制,改良旗袍反映的是男女着装的平等。在装扮上,民初女性流行发髻,如朝前髻、盘发髻,随着日本时尚文化的传入,也有效仿日本发饰的,如"横爱司头""竖爱司头";五四运动以后,女学生开始剪短发,并配以缎带等饰品,简朴装束逐渐在社会上流行。与此同时,社会媒体亦开办

"服装专栏",聘请时装模特,《玲珑》《妇女杂志》等有影响力的刊物把妇女的时装和美容术作为重点刊登的内容,尤其是《玲珑》杂志,经常报道好莱坞及上海电影明星的着装打扮,刺激了大众对时尚用品的需求。

男性时装主要为中山装和西装。第一件国货西装是1904年由"王兴昌记"仿造,领、袖、襟、边,均以洋货为样板。中山装是孙中山先生请上海南京路"荣昌祥呢绒西服号"以日本陆军士官服为基样改良设计成的便装,样式按照中国传统采用翻领,胸腹设计四只贴袋,袋盖做成倒山形笔架盖,寓意中国革命必须依靠知识分子,这套便装吸取了西装的优点,显得精练、简便、大方,比西装更加适合中国人的生活方式。随着服饰潮流的变革,近现代上海众多的西式时装公司成立,如南京路上1910年创立的上海荣昌祥呢绒西服号,1927年创立的上海鸿翔时装公司,1928年创立的上海培罗蒙西服公司等。为了迎合时人崇洋的心理,各公司积极地学习西方的时装款式,如荣昌祥的经营特色是随着国际西服款式的变化,及时适应新潮流,不惜花费外汇直接从英国长期订购西服样本,供顾客选样参考;上海鸿翔时装公司的创办人金鸿翔派弟弟到西方学习时装设计,并订购法国的时装月刊、季刊及美国最新大衣样本,作为设计的参考[7]。上海小说家张爱玲在成书于1943年的《更衣记》中写道,"在政治混乱期间,人们没有能力改良他们的生活情形。他们只能够创造他们贴身的环境———那就是衣服。我们各人住在各人的衣服里"。时装的日新月异,映照出的是人们在服饰中追求自由生活的热切渴望。

（二）月份牌年画：面向消费的美女图像

"月份牌"一词最早出现在 19 世纪中晚期，早在 1876 年 1 月 3 日，上海棋盘街的海利号已经销售华英月份牌。1887 年《申报》随报赠送中西月份牌，后来每逢农历新年，上海的票号、洋行、保险公司、烟草公司等大量印发以精美图像为主，附有阴阳年历表和厂商广告的月份牌画片，使这种从商业中诞生的艺术品门类逐渐和年画结合起来，成了进行产品广告宣传的最好形式。月份牌画风格清新、悦目、细腻，创作方法采用擦笔淡彩，按照传统工笔人物画的敷色原则和方法，配合西洋水彩画法绘制而成。画中人物形象精工细描，线条流畅，构图丰满，有立体的效果，但又不同于西方写实油画用明暗关系来塑造形体的表现技法。月份牌画的题材主要是美女，古装美女以西施、杨贵妃、王昭君、貂蝉四大美女为最常见；时装美女都以民国初年的名伶、名演员为模特，另外还以古典人物、历史故事、时代女装为题材。洋商最初印制的月份牌以欧洲油画的画面为主体，后考虑到商品消费对象的需求，根据中国人的审美心理做了题材的调整，不约而同地使用身着新潮服装的古典仕女图像，以此来达到吸引和招徕顾客的作用。

月份牌画题材中古装仕女形象出现较早，后期新潮女子形象较为普遍，而且不同的时期形成了不同的典型：晚清民初月份牌年画以清新温婉的清代仕女形象为多；20 世纪 10 至 20 年代中青春活力的女学生形象较多；30 年代以杭穉英月份牌作品为代表的新潮女子形象画较为典型。形象的变化反映了社会审美趣味和潮流的变迁。总体而言,"从不食人间烟火的古装美女,清纯脱俗的女学生到丰艳妖娆的摩登女郎,月份牌广告画中的美女在逐步物质化,并最终成为男性审美眼光中的一种卖点,一种消费趣味的审美习惯"[8]。对消费者来说,紧跟时尚潮流人物月份牌画片被悬之壁间,画中人物的着装打扮甚至一颦一笑都会成为学习模仿的榜样,其本身早已超出了作为单纯广告宣传品的价值和意义。

(三) 香烟广告:制造消费的设计

香烟画片和包装是香烟广告的基本形式。香烟画片最早产生于英国,随着欧美烟草公司的经营,香烟广告和香烟画片也很快遍及中国市场,在大小烟业销售网点,各类听、盒包装的香烟中夹着大小不等的一页香烟画片,题材有京剧人物脸谱、仕女以及《二十四孝图》《西游记》《空城计》《封神榜》《三国演义》等风俗画和戏文画,历史故事、传统文化被运用到设计当中,成套连续的体裁和生动细致的描绘,吸引了大人、小孩收集的兴趣,连带促进了香烟的销售。

英美烟草公司一直在上海的烟草市场占据主导地位,公司设有"广告部",旗下设画图部,既有国外的画家,也聘请当地的画家,制绘各种招贴图画以及香烟牌子的附属品,如广告画、月份牌等,担负一切宣传工作。胡伯翔、张光宇、杭穉英、金梅生等都曾在此工作。公司旗下主要香烟牌子有:老刀牌、红锡包、绿锡包、白锡包、前门牌、哈德门(中下等)。"老刀牌"香烟诞生于清光绪年间(1902年),实际上应该称为

"强盗牌",其烟匣画面是一个持刀的海盗,露着狰狞的面貌,在民间销路最为广泛;后来又推出了"茄力克"高级香烟,迎合上层人士的消费需求。英美烟草公司所做的广告多种多样,除大招贴、传单、报纸广告、杂志广告、油漆牌子、马路广告、墙壁广告、火车站广告、月份牌、日历广告等以外,还赠送带有广告的香烟缸、皮夹子、饭碗、筷子等,形成了完整系统的品牌推广策略。"二战"前后,英美烟草公司在上海推销"红锡包"牌香烟,广告方式是让一些人力车夫穿上背部印有"烤"字的工作服,无形中表达了"红锡包"香烟烤制质量的优良。在上海街头还制作了多幅巨型广告:画面上依次排满了男女老少的人头,大多作吸烟状,意思是,如此多的人都喜欢红锡包,"烟火"自然旺盛,这种广告创意体现了中国式的联想和智慧。中国人黄楚九办的福昌烟公司的"小囡牌"香烟,套用中国民间传统风俗,以赠红蛋表达对亲戚邻里生子的祝贺之情的方式,在黑白两色为主的报纸版面上用套色印的红蛋,以买烟赠送红蛋的方式进行香烟推销。这些都是工商业广告语言本土化最直白的表现。英美烟草公司销售量旺月达10万箱,即使黄梅淡季至少也有三四万箱。这么大的营业额说明广告在其中起到了举足轻重的作用。卷制香烟的消费在上海从无到有,直到把原来流行的旱烟、水烟排挤出市场,某种程度上也反映了一种时尚生活的需要,对香烟品牌的喜好像着装一样,成为消费者品位和社会地位的象征。

（四）橱窗陈设：都会的时尚展示

近现代上海橱窗设计的发展，在南京路上的四大百货公司的竞争中体现得最为明显。南京路上的先施公司最早开设商业橱窗展示商品，在商店六楼七楼内有开设舞台的"先施乐园"，并于屋顶建有一座凌空的"塔"来增强气势。永安公司创建"永安天韵楼"游乐场，屋顶辟花园，可以俯瞰街景。新新公司在五楼设广播电台，四周围以玻璃，故有"玻璃电台"之称。大新公司则在西藏路、南京路、六合路三面同时设立商业橱窗，在同行中拥有最多数量的橱窗和十分完善的展示设备。除了百货公司外，精益眼镜公司、三友实业社、鸿翔时装公司、高美时装公司等，也都有装潢讲究的橱窗陈设。南京路、石门路和淮海路一带分布着很多时装店，通过橱窗展示时兴的服装。相比而言，洋行的橱窗展示更显成熟，如 20 世纪 40 年代，惠罗公司使用弯曲的有机玻璃作为透明的商品展示道具，福利公司则通过玻璃、塑料等多材质的抽象形态作为商品的衬托，充分应用了橱窗灵活多变的展示方式。大型商店的橱窗展示由专业设计布景人员负责，这就保证了设计的品位和档次，并能够常换常新。画家方雪鸪负责新新公司的橱窗展示，运用抽象的油画形式绘制背景；永安公司广告部布景画家梁燕作风景画背景，陈列员李辉做商品展示[9]。此外，近现代的上海已经出现了从事橱窗广告的个体者和广告社，以及展示道具商店，专营橱窗展示业务。立于闹市中的一个个橱窗，是一个时尚都会和一个时代的表情，玻璃背后展示的商品是时尚生活方式的反映，它时刻在暗示着路人应该如何去消费,什么样的生活才是最时尚的生活。

(五) 美术赛会:设计的汇流与传播

美术赛会是设计汇流与传播的重要渠道。早期上海政府及民间团体把举办或参加美术赛会作为传播先进文化理念、学习西方科学技术、弘扬民族精神的窗口,这一时期举办的大量的展览会成为中西工商美术设计汇流的窗口。据统计,"上海市民提倡国货会"在上海先后举办过 18 次国货展览会,并组织国货游行团,赴国外参展达 20 次之多。1928 年 11 月举办的中华国货展览会上,时任上海市市长的张定璠提出,"如果某类产品没有国货,就迅速模仿;如果产品已有国货,就迅速改进"。这反映了早期上海工商美术设计的发展以学习借鉴为主,力求创新的基本状况。1936 年 5 月,在美术界联合工商界举办的第一届全国商业美术展览会上,参展的张雪父信笺设计、吴贻损文具设计、钱君匋封面设计、雷圭元装饰设计、梁岳英细金工设计、陈尹生染织图案设计、蔡振华小住宅设计、王汝良顶灯设计、沈祖芬家具设计等代表近现代中国工商美术设计水准的作品,呈现出中西合璧的面貌,同时也适应并传播了当时国人追求新生活方式的理念。

三、早期工商美术设计教育

早期上海工商业的美术设计家多数是通过自学或拜师学艺的方式习得技艺的,如上海的新舞台、商务印书馆、中华书局、英美烟草公司、南美烟草公司广告部等,都招收和培训练习生,培养了像张光宇、叶浅予、万籁鸣、杭稺英等商业美术设计家。这些人中很多都有明确的师承关系，这在月份牌画家中体现得最为明显：周暮桥的传统仕女人物画法是在追随《点石斋画报》的主笔吴友如的过程中学成的，杭稺英的细腻温婉的仕女画风是对老师郑曼陀擦笔人物画的继承和发扬，李慕白则作为杭稺英的弟子在"稺英画室"学习。

上海的工商美术教育最早是从教会学校开始的，影响最大的是1864年上海天主教会范廷佐神甫（Joannes Ferrer），西班牙人，1817—1856）在徐家汇土山湾创办的孤儿院附属的美术工场，孤儿到13岁时便入美术工场学艺，其目的是为了制作供传教用的雕塑和绘画宣传品，也临摹欧洲名画出售，可以推测那里的教学具有宗教艺术和商业艺术的一些共性。知名艺术家任伯年、徐咏青、周湘、丁悚、杭稺英等人曾在那里接受过教育。1920年，刘海粟在上海美术学校创立了工艺图案科，宗旨便是"造就工艺美术人才，辅助工商业，发展国民经济"[10]，后来改名为图案系，最后成为上海美术专科学校的工商美术系。同年，吴梦非等人创办的上海艺术师范大学的高等师范科设图画手工部。此后，新华艺专和人文艺术大学都相继开设了服务于工商业发展的图画手工科。这些学校中既有教会学校，又有艺术专科院校和师范学校，体系完整，且在教学中注重工商美术设计教育的职业性特征，为近现代上海工商业的发展培养了一批素养全面的美术设计人才。

"海上设计"的发展呈现的是从引进到融合的过程，回顾上海近现代工商美术设计及教育的发展演进历程，可以看出中西

文化交流中时尚潮流与设计艺术共生发展的互动关系。"海上
设计"和时尚潮流的形成、发展与繁荣均得益于开埠所带来的工
商业繁荣和文化交流的频繁,二者同在传统与现代的矛盾逻辑
中交融发展。旗袍、西装、月份牌、香烟牌子、家具、画报、杂志等
工商产品的美术设计,反映并塑造的都市时尚潮流是前卫的、包
容的,传统与现代、东方与西方、城市与乡村,统统包罗其中,并
在迎合国人文化情感的基础上展现出强大的整合力和亲和力。
可口可乐公司的经典广告图像或者可以作为"海上设计"最合适
的注脚:一个尊贵、温婉的中国妇人,身着时尚的旗袍和高跟鞋,
手里举着一个盛着可口可乐的高脚杯,在向观者作着某种邀请,
图像中东方和西方、时尚与传统获得了完美的融合。

注释

[1] [美]罗兹·墨菲:《上海——现代中国的钥匙》,上海社会科学院
历史研究所编译,上海人民出版社 1986 年版,第 201 页。

[2] 上海市通志馆年鉴委员会:《上海市年鉴》,中华书局 1946 年版,
"弁言"。

[3] [奥地利]卡明斯基著,希夫绘:《奥地利画家希夫画传》,王卫新
译,上海文艺出版社 2003 年版,第 53 页。

[4] 上海社会科学院经济研究所编:《永安公司发展与改造》,上海档
案馆:B1811452,第 16 页。

[5] 益斌、柳又明、甘振虎编:《老上海广告》,上海画报出版社 2000 年
版,第 8 页。

[6] 程大利编:《老照片:服饰时尚》,江苏美术出版社 1997 年版,第
24 页。

[7] 陆坚心、完颜绍元主编:《20 世纪上海文史资料文库》第四辑,上海
书店出版社 1999 年版,第 217 页。

［8］林家治：《民国商业美术史》，上海人民美术出版社 2008 年版，第
　　104 页。

［9］《上海美术志》编纂委员会编：《上海美术志》，上海书画出版社
　　2004 年版，第 135 页。

［10］中国人民政治协商会议上海市委员会文史资料工作委员会编：
　　《解放前上海的学校》，上海人民出版社 1988 年版，第 390 页。

（原载《文史哲》2011 年第 2 期，作者潘鲁生、韩明）

公共艺术设计的历史文脉与当下价值

——访山东工艺美术学院院长潘鲁生

　　潘鲁生教授现任山东工艺美术学院院长,第十二届全国政协委员、山东省文联主席、中国民间文艺家协会副主席、中国美术家协会工艺美术艺委会主任,致力民间文化的田野调查和学术研究,不仅在民艺研究上著述颇丰、卓有建树,且对传统民间文化的挖掘、保护与传承身体力行。

　　2011年,上海大学美术学院与美国《公共艺术评论》联合创办了"国际公共艺术奖"评奖活动。2015年7月又迎来了第二届国际公共艺术奖颁奖暨论坛等系列活动。本次活动由山东工艺美术学院、济南西城投资开发集团有限公司和新西兰奥克兰大学、奥克兰市议会共同承办。本刊有幸采访到潘鲁生先生,请他就承办"国际公共艺术奖"评奖活动,以及该活动对山东公共艺术的发展产生的影响等问题阐述自己的观点。

　　您怎样定义公共艺术? 怎么看待公共艺术的当代价值?

潘鲁生：简单来说，公共艺术是公共文化的综合体，以艺术为载体，介入公共空间，通过视觉语言，表达和探讨集体动态和社会情况，达成共同而持久的社会价值取向，具有深层的思想文化构建作用。所以历史上，史前洞穴的岩画、原始部族的纪念物与仪式活动、古希腊罗马时代公共广场的雕塑，以及16世纪欧洲的纪念碑等，都具有公共艺术的意味。进入现代以来，以美国为代表的政策实践意义上的"公共艺术"，进一步把文化艺术与公共福利、公众参与和立法保障结合在一起，形成了艺术为城市社区和市民大众服务的普遍运动。所以，公共艺术的当代价值已经大大超越了艺术的本体，在公共空间里，还涉及文化信仰、公民权利、社会舆论和民族共同体等生动而深层次的交流和构建。从另一个角度看，公共艺术发展中存在的问题、隐含的趋势，也是时代与本土文化发展的表征。

您曾经撰文呼吁公共艺术要有规划，提出公共艺术要服务民生，并分析城镇化进程中的公共艺术空间问题，您认为我国在公共艺术发展过程中存在哪些问题？应该怎样解决？

潘鲁生：在我国，公共艺术发展还有很长的路要走。20世纪80年代初，我国的城市公共艺术在城市化过程中得到发展。但由于公共艺术与城市规划、城市建设沟通协调不够，城市公共艺术创作与城市环境脱节，公共艺术往往成为建筑与环境部分的点缀，缺乏文化内涵和人文色彩。近一段时间以来，公共艺术缺位引发的问题日益引起关注，网络发起的"十大丑陋雕塑评选""十大丑陋建筑"评选等产生强烈反响。这说明我们的社会对公共艺术有越来越深刻的需求,同时也需要我们进一步反思公共艺术的发展机制问题,探寻有效的发展措施和方案。

因此,我们建议将公共艺术纳入城市总体规划之中,使之形成有机、综合、系统的协调发展模式。要加强公共艺术立法,完善与之相关的城市规划、展示策略、资金支持等政策措施,健全相关审核与评估机制,完善公共艺术相关的立法、规划、实施策略以及资金支持的制度保障和政策基础。要加强公共艺术的教育引领和学术研究,强化艺术服务社会的观念,明确公共艺术的文化定位,建立公众参与的公共艺术发展机制。

同时,还可进一步推出国家层面的公共艺术大展,创新展览模式,并结合举办高层次学术论坛,集中展示公共艺术发展的优秀成果,同时通过学术讨论进一步反思我们城市化进程中存在的问题和发展走向,从当代艺术批评的角度,深入具体地思考和探讨中国当下城市化发展的问题,关注城镇化进程以及城市空间中的民生需求和文化需求,充分解读公共艺术,并在城市文化引领、市民公共艺术消费、现代建筑环境等方面进行重新认识和阐释,进一步就公共艺术发展进行规划,使公共艺术真正成为人与城市公共流动的艺术展示,推进城市发展和城镇化进程,创造中国语境的公共文化空间。

请您谈谈对"国际公共艺术奖"评奖活动的看法? 您怎样评价本届国际公共艺术奖?

潘鲁生:"国际公共艺术奖"评奖活动很有意义。在内容上,不仅具有前沿性,集中体现了公共艺术发展的新理念、新特点、新趋势，也具有非常强的本土性和现实性，活动中我们的艺术家、评论家、媒体等更加关注公共艺术对现实的关切度和关怀性。在影响上，既有助于增进专业领域关于公共艺术的学术交流，也有助于在公众、政府等层面推广和深化公共艺术的认识和实践。可以说，举办"国际公共艺术奖"评奖活动是一个契机，搭建了一个桥梁，开展深入的交流，有助于开阔视野，理解不同的文化或哲学态度，实现公共艺术对社会的关切和服务。

总的来看，本届国际公共艺术奖增进了文化的认同，同时回应民生的愿望和诉求。在文化认同方面，万物相形以生，众生互惠而成。在公共艺术设计规划中，我们确实需要把握城市历史与现今存在鲜明的时空耦合异质性，将其中的物质流、能量流、信息流、价值流以及其他各种要素间的存在找到视觉呈现和公共交流的形式，使之进入城市公共空间，以文化价值为出发点开展环境营造，增进一座城市的文化认同、自觉和凝聚。就回应民生愿望和诉求而言，公共艺术的本质就是通过公众的广泛参与反映社群利益与意志的艺术方式，比如在济南的公共艺术，就是以西城营造为先导，把艺术的感知、共鸣和思考作为纽带，关注和维护济南人共同赖以生存和发展的济南整体社会，并向有能力有实效地服务于芸芸众生的方向发展。所以，发展公共艺术，也是在公共领域建设起一片共有的园地，在现代高度个人化的社会中建立一个协商对话的空间。

作为第二届"国际公共艺术奖"评奖活动的承办单位，山东工艺美术学院近年来如何推动公共艺术发展？产生了怎样的影响?

潘鲁生:山东工艺美术学院作为专业艺术设计院校,一方面传承工艺美术的传统文脉,另一方面也时刻关注艺术与设计的发展前沿,所以我们一直重视公共艺术的发展问题,希望找到新的结合点,使民族传统美术与工艺的文脉能在当代公共文化空间中延展,同时使当代公共艺术的发展机制形塑和再现我们的民族文化意象。

近年来,在教育实践上,学校设有公共艺术专业,既是新建专业,也是对学校建筑景观设计、视觉传达设计、造型艺术等专业资源的整合拓展,不仅培养本科人才,目前也在向 MFA 实践硕士层次拓展,发挥专业人才的培养作用。在研讨交流上,我们与中国国家画院共同举办了"2012 城市公共艺术论坛",深入探讨基于城市视野的公共艺术、公共艺术的人文价值、新媒介与公共艺术、大学公共艺术教育等问题,取得了很好的反响。在科研和社会服务方面,学校的课题组和专家团队关注城镇化进程中的艺术发展与设计引领问题,包括城镇化进程中的公共艺术空间问题、济南作为山东省会城市的公共艺术发展问题等,具体涉及学校承担的国家社科基金艺术学重大课题项目研究,以及我们作为地方高校对区域经济文化建设的设计服务。最近,学校完成了山东乡村文明行动的莱州项目,具体在深入调研当地民间艺术、民间文化、民间工艺和风俗的基础上,撷取典型的文化符号、文化意象、工艺语言等进行城镇乡村公共空间的规划设计,一些公共艺术景观契合当地传统,具有鲜明特色,不仅外来的游客和参观者印象深刻,当地老百姓也觉得亲切喜欢,实现了历史传统和当下生活、地方文化和社会发展的良好融合。我们认为,公共艺术不是一个纯粹的艺术问题,而是一项系统的社会文化工程,大学应该积极参与,有所服务,有所作为。

济南西部新城投资开发公司也是本届"国际公共艺术奖"的承办方之一,这对济南未来公共艺术发展将发挥怎样的作用?

潘鲁生:应该说,我们的城市建设现在越来越关注软性的文化建设,关注具有生长性、具有吸引力和发展潜力的文化艺术氛围营造,这是具有长远性和战略意义的。济南西城关注公共艺术体现了这样的文化视野,切中了中国城镇化进程中一个极具人文关怀和文化意义的命题。在济南这座既古老又年轻的城市里,绵延着龙山文化至今的历史,有着 1904 年开埠以来的现代化发展轨迹,还有当前西部新城一系列新城延展和建设。因此格外需要把握泉城历史与城市规划发展的内在关联,把握泉城文化在城市建设与公共艺术规划中的定位,把握泉城风格与公共艺术规划的理念,把握泉城生态与公共艺术总体规划的原则,找到历史文化名城与新兴城市交汇的生长点,从城市营造的角度,复现文化的肌理文脉,融入市民的生活诉求,凝练城市的美学追求和文化品牌。

我相信活动将带动济南未来公共艺术的发展。特别是济南西部新城,绵延着长清佛教的文化肌理,延续着齐长城的古风古韵,同时积聚了现代高铁枢纽和大学园区,古老的文脉和崭新的时代印记交融,蕴含着极其丰富的人力、物力和信息流转。如何使其以城乡交织的、公共的、艺术的、视觉的形式呈现出来,并传

公共艺术设计《大匠丝路》 9.6×2.4m 纤维 手绣 潘鲁生 2021 年

递下去,是非常有意义的。公共艺术将作为一种媒介和容器延续城市居民的文化和生命精神,这值得我们共同关注、积极参与,我想这也是市民的期待。

您对未来公共艺术发展有怎样的期待?

潘鲁生:在今天的中国,我们处在社会转型发展时期,能够深刻感受到身处的城市空间、建筑、景观等所发生的改变,以及蕴藏其中的思想文化、科学技术、社会意识和艺术审美的源流涌动。公共艺术是一个交集,包含了物质环境与人文精神的体认和重塑。关注和推动公共艺术发展,也是在城市发展、城镇化进程中对文化空间的关注与构建,是无形的思想文化与有形的艺术形式、个体的艺术创作与公众的文化交流,以及纯粹的文化艺术表达与公共文化服务、大众艺术消费等的结合,具有艺术性、思想性、时代性和社会性,具有广阔的探索空间。

我们期待政府、艺术家与市民携手,以规划为先导,以政府主导、专家参与、市民需求为原则,共同关注和参与公共艺术设计规划与营造,使公共艺术成为城市历史沿革、文化发展、生态共建、市民交流、美学追求的交汇点和生长点,在新型城镇化发展的背景下实现多元的交流和创造,使公共艺术发展惠及大众,服务人民,作为民生工程,发挥文化艺术独特而深远的作用。

(原载《公共艺术》2015 年第 4 期)

设计与文化创意产业

——2014 年度中国设计艺术发展报告

一、2014 年度设计艺术研究综述

2014 年,我国设计艺术研究呈现一系列新特点和发展态势。在论文发表方面,据中国知网(CNKI)检索,以"设计"为主题的论文发表数量为 126 133 篇,其中与设计艺术相关的文献为 7 831 篇。就 CNKI 文献学科分类看,在物理、化工、水利、运输等理学、工学总体布局中,设计艺术研究文献占总比例的 6.2%,是我国当前设计艺术研究在各学科设计研究中的力度和比重的体现。在书籍出版方面,据检索统计,2014 年度共出版设计艺术类图书 1 162 册,其中以设计艺术实践类图书为主体,设计理论类图书相对较少。

(一)2014 年度设计艺术文献发表情况

据统计,2014 年度,设计艺术各专业方向的"设计实践"研究

文献为 7 486 篇,"设计教育"研究为 289 篇,"设计理论"研究为 56 篇。因此,关于设计艺术实践领域的经验、问题、观念和方法研究构成研究对象的主体。若将"设计实践"粗分为"平面设计"、"产品设计"(含工业设计、服装服饰设计、工艺美术设计等物化产品设计)、"空间设计"(含建筑、景观、室内、环境设计等)、"数字信息与服务体验设计"(含数字动画、交互体验等电子设计),则"空间设计"研究篇目为 2 719 篇,"数字信息与服务体验设计"为 2 454 篇,分别占"设计艺术实践"研究的 36.3% 和 32.7%,成为研究的主要方向。此外,在 56 篇"设计理论"研究文献中,36 篇为设计史研究,其余为设计原理、设计问题研究和设计批评,体现出设计史仍为 2014 年度设计艺术理论研究的重点,受到研究者关注。

(二) 2014 年度设计艺术研究的焦点问题

综合梳理相关文献,2014 年我国设计艺术研究主要集中于五个焦点问题:

其一,文化传统与当代设计对接融会,涉及面最广。在平面设计领域,诸多论文研讨中国传统图案、图形、文化符号以及水墨画对现代平面设计的影响,包括传统图形、传统文化与现代标志设计,古代图腾纹样、吉祥纹样与现代视觉传达设计,传统文化符号与界面设计,传统文化观与当代书籍设计,汉字与当代设计文化,等等。在产品设计领域,传统元素的融入也受到关注。从家具到包装,从服装首饰到旅游产品,传统美学元素、神话题材、制作工艺等与当代设计的结合,得到进一步阐发。在空间设计领域,汉字符号与室内设计、园林景观设计,传统民居元素与现代城市景观设计等均有研究,传统文脉的空间延伸有不同角度的解析。在数字信息与服务体验设计领域,传统元素在动画造型中的应用、传统民间造物艺术对情感化设计行为水平的启迪等,成为传统与当代融会的延续性探讨。在设计艺术理论方面,中国传统民间艺术与中国现代设计的关系探讨、中原古代设计文化的变迁和融会、民间工艺的生态文明观等,也是持续探讨的话题。

设计领域对传统文化的回溯,体现国内日益关注设计的文化源流。无论物化形态,还是观念意义,均致力于构建设计的文化谱系。尽管从某种程度上说,我们在当代设计领域对传统文化的追溯与融会还并不成熟,但理论的自觉和更普遍意义上的文化诉求必将是深入发展并行之久远的动力。

其二,村落、城镇等乡土建筑景观的设计问题,在空间设计领域里研究著述最多。内容涉及古村落视觉形象设计、传统民居形态设计、乡土景观设计、小城镇街道景观改造设计等。一个普遍的共识是,传统乡土建筑的设计建造往往是对当地文化、审美、气候、经济等诸多因素的综合回应,所以"无论是符号学层面的文化意向,还是景观学层面的人居环境,或是生态设计层面的技术措施",都是有待借鉴深思的智慧。"对于今天的建筑师而言,由于社会语境、建筑材料、建造方式等方面的转变,古人的智慧在今天如何更好地传承与转译是我们应该深入思考的问题"[1]。

研究背景在于,以往城镇化建设造成的破坏、文化遗产保护意识的深化、"以人为核心"的新型城镇化的发展等。这些背景成为综合推动力,使建筑设计领域对于传统的、民族的、乡土的建筑文化关注突破建筑设计本身,回归社会场域,具有更广泛的、民生的、文化的社会意义。比之于 20 世纪 80 年代关于建筑"民族形式"的讨论,在具体内容上未见得更加深入,参与的广泛性和焦点性也不及当时,但问题是持续的,且并非简单的回归,而是新的现实的回应,具有更综合的聚落生存、文化生态的意义。

其三,中国设计艺术体制与政策问题研究有所突破。2014年,《设计论》[2]等专著进一步从宏观层面综合看待设计政策的内容、机制和影响作用,将设计作为国家层面的公共政策和发展战略,立足国情,综合分析产业、文化、人口素质、社会福利等多重因素的需求和发展趋向,基于工业制造业现状提出设计振兴发展的相关政策,并综合考虑产业结构调整的深层趋势和动因,构建具体可行的设计政策措施。研究设计对国民经济的提升价值,并向公益的、文化的领域拓展,从设计政策角度推进文化资源的转化与再生。既从设计政策角度解决设计教育面临的问题,又注重综合考虑人力资源的素质构成和发展可能,研究使高等设计教育与行业培训结合、设计精英培养与设计灰领人才培养相结合,城市创意设计教育培训与乡土在地文化设计教育相结合的综合政策机制。同时,着眼互联网发展、大数据、智能化等信息技术发展、创客文化兴起带来的机遇,从设计政策角度加以前瞻性地引领和培育。

其四,新信息技术条件下的设计发展问题成为前沿。大数据、3D 打印、智能化、物联网等信息技术领域的深刻变革,深入影响设计机制及设计者的角色定位,成为持续升温的研究热点。
2014 年,从信息设计概念的辨析、信息图形设计的形式与价值、
网络界面情感化设计、界面设计中的扁平化现象,到基于用户体
验的社会化电子商务设计、基于用户需求获取与转化的交互设
计,设计与信息技术的联系遍及各个环节,既是驱使的动因,也
是新的作用发展的主渠道。相关研究文献对此做出全面清晰的
概括:"在网络化的大数据时代下,'数据科学'(Data Science)迅
速兴起,数据界与物理界、人类社会之间的关联广度与强度发生
了革命性变化。以信息交互为代表,大数据技术对于设计领域
的影响主要体现在两个方面:一方面,以大范围、低成本、增量累
积的方式获取设计驱动与约束的相关数据成为可能,如市场需
求、消费者行为、使用情境信息等;另一方面,以开源(open
source)、众筹(kick-start)、社会化(social)的组织形式实现设计
构想成为可能。这些影响首先促使设计开发的迭代周期变得更
短,用户参与设计过程更直接和深入。"[3] 由于当代信息化社会
的整体性结构发生改变,形成了新的社会化创新关系。设计领
域的明星制、中心制被打破,基于互联网科技的"创客"群体、"群
件"技术兴起,设计更具参与性和开放性,设计模式发生改变。
不仅如此,相关文献从哲学层面对 3D 打印数据等影响设计的实
质和设计未来的发展趋势做出了阐述。相关研究指出,"今后的
设计者应当成为数据库设计者,或者说元设计者。他们不设计
物品,而是设计空间,以便那些缺乏技巧的用户以简便易行的方
式进行设计"[4]。

其五,是历史视野中设计的内涵与社会作用问题受到关注。

2014 年不少研究文献对设计赖以生成和存在的社会历史环境进行了还原和分析,阐述了设计与社会联系的发展趋势。诚如研究者在探究现代主义设计时所指出的那样,"现代主义设计最终诞生于'一战'后的德国,其存在的社会背景、状态不容忽视。实际上,两次世界大战之间的德国社会具有自身的独特性,其深层因素推动了现代主义设计的诞生"[5]。此剖析可以提供我们看待设计的社会和历史视野,唯有如此才能真正把握其演进发展的动力和动因。连贯这条设计史的线索,2014 年的译介文章指出:"现代主义坚持认为一个对象的外在形式应该反映其生产方式。相反,波普的目的是与追逐时尚的消费社会建立一种富有表现力的关系。"[6]设计"成为各个变化繁复的领域的交叉点,成为一种前沿的、动态的、冒险的学科"[7]。

事实上,无论还原设计的社会背景和架构,还是深入探究设计的深层社会作用,价值导向都是共通而明确的,即设计应为人类更好地生活或生存发挥协调作用而非相反。设计是社会的组成部分,必然受到种种构成要素的影响,也必须承担相应的社会责任,为集体环境做出贡献。虽然现实的演进远较理论上的批评研究更加复杂,但理念的洞识仍将发挥价值导向作用。期待这样的学术探究、理论研讨发挥现实的影响力,让设计文化、观念上的自觉与设计实践形成合力,从物质功利的商业迷雾中突围,为社会民生做细腻质实的贡献。

二、2014 年度设计艺术展览情况

自 1984 年第六届全国美展中的平面展示开始,设计展览已经逐步发展成为集综合性、学术性、国际性为一体的设计活动。2014 年,在国家政策扶持下,设计展的规模、数量、国际化水平达到历史新高。选题更加实际,偏重社会热点话题与现实民生,展示媒介也更加多元,主要集中在上海、北京、深圳等三个设计之都[8]。

(一)2014 年设计展主办方分类

根据策展主体的机构属性进行分类,可以分为高等院校主办的展会、政府部门主办的展会、设计行业协会主办的展会以及其他机构主办的展会四类。此四类展会既有共性,也存在差异,起到彼此补充、共同促进的作用。

1. 高等院校主办。毕业展是院校办学方向和学科前景的展示与说明。以 2014 年各所高校的动画专业为例,虽然都是通过"选题 + 叙事手法 + 技术手段"呈现,但不同院校有不同理念:广州美院努力在艺术创意与商业形式之间寻找一个平衡点,鼓励团队合作形式;北京电影学院依托电影基础,提倡个人创作观念;清华美院擅长应用新技术、新材料、新工艺,社会责任感强;西安美院依托"美术专长"的平台,将视线聚焦于社会现实,在调侃的同时注入创作者的个性与反思/批判[9]。

除了毕业展,院校展还包括以学术探讨和理论研究为目的

的设计展览。如"持续之道——国际可持续设计学术研讨会暨设计作品展"（11月14至15日）由清华大学美术学院联合芬兰阿尔托大学艺术、设计与建筑学院和中国广东工业大学艺术设计学院共同主办，旨在探讨全球化背景下可持续设计战略的进一步深化和具体化。

2. 政府部门主办。政府部门主办的设计会展具有规模大、影响广、层次高等特点，有些设计会展已成为中国现代设计会展的品牌。如2014年北京国际设计周由教育部、科技部、文化部及北京市政府联合主办，其间共举办206项设计展览[10]。2014年上海时装周由中国商务部支持，上海市人民政府、上海时装周组委会主办；2014年深圳国际创客周由商务部、农业部、知识产权局、科技部、工信部、发改委、教育部、人力资源和社会保障部等八大部委联合主办；2014年中国（深圳）国际工业设计大展由工信部和深圳市政府共同主办；2014年首届中国工业设计创新展由国家八大部委联合主办等。

3. 设计协会主办。2014年中国国际大学生时装周由中国服装设计师协会、中国纺织服装教育学会、中国服装协会共同主办；第九届中国工业设计周暨首届江苏工业设计周由中国工业设计协会与江苏省经济和信息化委员会、江苏省工业设计协会联合举办；2014年中国室内设计周暨"居然杯"CIDA中国室内设计大奖由中国室内装饰协会主办；首届中国室内设计艺术周由中国建筑学会室内设计分会（CIID）与厦门大学主办；第八届现代手工艺学院展暨学术研讨会由中国国家画院公共艺术院、中国美术家协会工艺美术艺术委员会、全国艺术专业学位研究生教育指导委员会设计分委员会联合主办等。

4. 不同性质机构联合主办。2014 年设计上海（Design Shanghai）由东上海国际文化影视集团、上海艺博会国际展览有限公司及英国设计展览组织者 MIDIA 10 联合主办；第六届广州家居展由中国对外贸易广州展览总公司和广东省家具协会共同主办；第五届中国国际创意设计展由中国贸促会、中央美术学院和中国艺术研究院设计艺术院[11] 共同主办；中国国际时装周2014/2015 秋冬暨"汉帛奖"第 23 届中国国际青年设计师时装作品大赛由中国服装设计师协会与汉帛（国际）集团共同主办等。

（二）2014 年设计展会特点

1. 传播更具开放性、展示渠道多元化。一是院校展场地由校内转向校外；二是公众参与度明显提升，如"国庆·北京看设计"的主题宣传让民众参与性以及设计对社会的自主介入性更加明显和普遍；三是利用多种媒体，线上与线下同步推广。又如广州美院的动画专业毕业展，改变了以往只凭教师评价成绩的模式，不但在学校的报告厅展播，还同时在优酷、土豆等视频媒体上发布，根据点击率、评价及转发量评估该作品的成绩，起到了多方位评价毕业创作的效果[12]。

2. 选题由虚变实，关注现实民生。一是关注社会热点议题。仅以动画专业的毕设展为例：广州美院关注"填鸭教育""反腐倡廉""关注下一代"等热点问题；北京电影学院的主题"舌尖上的挑战"，反映了学生对于食品安全问题的思考；清华美院针对环境破坏、留守儿童、战争创伤等现象进行反思与批判；西安美院聚焦于当代年轻人对生存环境的焦虑感,同时注入流行元素(如南北美食之争),反映了学生对于身边现实世界的思考[13]。

二是关注现实的民生问题,选题更加实际和具体。2014年红星奖参评作品中的应对雾霾问题的空气质量检测设备与空气净化装置,体现出设计师在面对社会热点问题时的责任感与价值观。

三是关注产业转型问题。"设计·上海2014"关注手工艺的现代设计应用,引入大量手工艺设计展品。在国家呼吁产业转型的当下,探索手工艺为重要元素的设计创新,旨在为中国设计由"制造"向"创造"的转型寻找合适的渠道或模式。

3. 强调人才孵化功能。一是通过展示促进师生的设计能力,有助于用人单位选拔合适的设计人才,提高就业率;二是有助于提高新锐设计师的知名度与影响力;三是大型设计创意的展示或竞赛活动更加开放,有利于鼓励非设计人士的参与。如深圳国际创客周的参赛者,包括了科研机构研发人员、大型企业职业人士及各大院校的在校学生等群体,并不仅限于设计创意界人士的参与,从而有助于提升设计师的实践水平,学习与观摩其他学科创作的原理与成果,促进自身的进步。

4. 重视学科的横向交流与合作。一是趋向注重不同学科的交叉性、跨学科的研究;二是促进同一学科不同院校之间的交流与合作,联展成为新特色。如第八届现代手工艺学院展,是清华大学美术学院、山东工艺美术学院、上海大学美术学院、南京艺术学院、西安美术学院等5所院校发起的现代手工艺学院展,迄今已成功举办八届,在弘扬传统、鼓励创新、促进现代手工艺教学等方面均已取得良好成果。

5. 反映企业对设计创新的空前重视。据相关报道,2014 年中国设计红星奖中,大型制造企业对设计的认知和运用能力有了显著提升,低端设计业务逐步缩减,技术含量更高、文化承载力更强。北京地区参评单位中有 90％是与 IT 信息、大数据、智能技术、新能源有关的高新技术企业,其中中关村高新示范区的企业就占到五成[14]。这说明有更多的高新技术企业充分认识到设计的价值,开始将设计融于技术研发当中,而不再像以往一样,仅将设计视作美化产品外观的工具。

6. 国际化程度达到历史新高。在 2014 年关于设计展览大大小小的报道中,可以注意到出现了好几个与"国际"字眼相关的"第一次":3 月"设计·上海 2014"是中国迄今为止规模最大的国际原创设计博览会,在逾 150 个世界品牌中,90％是首次被介绍到中国;11 月中旬"国际可持续设计作品展"是世界范围内顶尖可持续设计作品与成果在中国的首次集体呈现;11 月下旬中国设计大展秉承"打造世界设计风向标"的宗旨,整合美国 Spark Award 星火奖、日本 G-mark 设计大奖的同时,引入全球智能可穿戴行业巨头 Misfit、意大利知名开源硬件汽车公司 OS Vehicle 等机构参展[15],国际化程度超过往年。

设计展不但能够提供国人近距离接触国外设计名家、名作的机会,也是国内设计力量积极向外推广的平台。2014 年 4 月,北京市政府携手联合国教科文组织巴黎总部举办"感知中国"设计北京展,参展的 39 家设计机构的近 400 幅作品体现了中国生态文明和城乡环境建设等方面的创新设计,也提升了国内设计品牌的国际影响力和话语权。

(三) 2014 年设计展会活动机制总结

1. 学术角度：展览与研讨会相配套。2014 年，几乎所有的设计展会都配置了相应的学术讨论环节，不但具有很强的学术性和理论研究价值，还为展会的后续活动积攒了经验、指明了方向。如"1895 中国当代工艺美术系列大展优秀作品展"（5 月 10 日至 30 日），配备高端学术论坛"再生产——中国当代工艺美术学术论坛"，旨在推动教育与产业的协同发展，实现设计"产学研"结合之目标。

2. 经济角度：搭建设计洽商平台，促进区域或国家的经济发展。会展也是经济，设计展既是不同地域设计与创意水平的展示平台，也是设计与众多产业融合示范的平台。2014 年设计展的产业导向有以下四个特点：一是以政府政策为纲领[16]；二是注重多主体参与的运作模式；三是构建利于商贸合作与交易的线上平台[17]；四是以科技为驱动，注重原创性与创新性。目的是强化设计市场的服务功能，促进不同地域设计和创意产业的交流，推动商贸合作、带动设计产业由"制造"向"创造"的升级，实现企业设计交易服务项目与公众设计消费活动。

3. 教育角度：构架国内外设计领域高校与产业互动平台。除了中方主办的国际展外，2014 年国内还涌现出中外院校联合主办的联展，如"马上火·设计现场"是中国美术学院上海设计学院与日本武藏野美术大学的 2014 优秀毕业作品展，此展也是两校缔结 20 周年庆典内容之一。又如"清华大学美术学院与东京艺术大学纤维艺术作品展暨学术研讨会"，对教育教学、艺术创作、展览活动展开探讨,重点关注两国传统技艺的传承与现代设计产业的对接。国际校际联展往往走的是高端路线,邀请的也都是名校领导、业界精英以及部分优秀作品的作者,代表了当前艺术院校毕业设计的最高水平。

值得一提的还有在国外举办的中国设计展。"2014 中国设计进行时"(意大利米兰)以及国内设计院校作品在海外的巡回展,在表达对当代设计的理解与态度的同时,关注设计价值观与设计立场的表达,呈现了中国当代设计发展的真实面貌。这些活动都有效地架设了高校、产业、设计师、学术界之间的沟通桥梁。

4. 社会角度:提升公众对设计的认知度与参与度。如前文所述,2014 年设计展览的传播方式更具开放性,而且移动互联和网络社交的兴起(如微信公众号的大量推送),造成公众对 2014 年设计展会产生前所未有的关注,在提高社会对设计认知度的同时,也吸引了普通民众的广泛参与。诸如设计猫、设计宝等金融产品的推出,"O2O"双向互动电商平台的出现,使得民众直接可以参与对设计展品的评价与交易。

5. 行业发展趋向角度。设计展通常可以折射出行业的未来发展方向。2014 年度设计周明显表现出科技与设计"集成创新"的趋向,如创客创意周、工业设计大展、红星奖评选等活动中评选出的优秀作品,其共同之处都是整合先进科技成果,融合信息技术、创新型企业与民众创新(社会创新)集群的优势,将理念转化为产品实物。此外,2014 年设计展暨研讨会更多的是探索如何"协同创新"的商业模式,这些必然要引入大量的社会资源。因此,集合众人的力量协同进行设计创新显然成为另一重要趋向。

综上所述,2014 年的设计展在延续自水晶宫设计展以来所有功能——如对新技术、新材料、新工艺的展示与交流、促进商贸合作深度、广度与设计水平的提升——的同时,还表现出两种新的趋向:一是公众"参与"与"共享"属性明显提升,契合了"全民创新"的时代发展潮流[18],也充分体现了设计的服务属性,越来越注重互动、参与、体验;二是"科技 + 设计"的融合模式成为大型设计展览的重要内容[19],这必然会引领以网络化、智能化和低碳可持续发展为特征的文明走向,并不断催生设计与其他业的深度融合。

三、2014 年设计艺术教育发展

(一) 2014 年设计教育概况

目前,设计学为一级学科,相关专业在中国各类高校的开办数与学生数,位居各学科和专业数前列。全国近七成高校设置设计学专业,预计 2015 年春夏将有逾 40 万设计学专业应届毕业生进入求职市场。

2014 年,中国科学评价研究中心(RCCSE)、中国科教评价网和武汉大学中国教育质量评价中心(ECCEQ)共同发布《2014—2015 年设计学研究生学科排名》[20]:参评的 131 所开办设计学专业院校中,前三位为清华美院、中国美术学院、四川大学;全国开设设计学博士点 11 个,博士后科研流动站

7 所。

（二）2014 年设计教育界大事

1. 高等设计教育调整。2014 年是中国高等教育的转型之年，加快发展现代职业教育成为高等教育改革的切入点。改革核心为分类办学和管理，内容涉及学校的办学模式、招考程序、人才培养理念和方法。在类型定位上，改变以往单一的"学术型"或"研究型"定位，进一步划分为"学术研究型""应用技术型""职业教育型"等类型特色。在招考方面，计划实施高考改革方案，区别"技术技能人才"和"学术型人才"，分别进行招生考试。在办学模式上，一大批本科院校，包括高职、新建地方本科院校、独立学院等，都将纳入现代职业教育体系。2014 年 6 月国新办发布会上，教育部提出，转型院校以"应用技术型"大学为方向，目前已有 130 多所高校提出转型申请。

2. 积极开展国家层面设计教育研讨会，取得一定成果。为促进设计学学科建设，提升人才培养的质量，国务院学位委员会第六届学科评议组——设计学组召集全国高等学校的相关专家，对设计学的学科体系和学位标准进行专项研究，相关成果收入《学位授予和人才培养一级学科简介》和《博士、硕士学位基本要求》[21]。6 月召开"学科建设与学科升级：设计学学科发展研讨会"，同时发布了由中国高等学校设计学学科教程研究组编写的《中国高等学校设计学学科教程》一书，以便共同促成在 2020 年完成设计学本科和研究生教育教学理论与实践系统的构建。10 月高等教育学会设计教育专业委员会与河南大学主办"开元·在线生活——全国设计教育学术研讨会暨 2014 年中国高等教育学会设计教育专业委员会年会"[22]，立足中国设计教育，探寻设计教学的多样化和新途径，探索设计教育在跨文化语境与国际视野下的协同创新，为构建中国设计教育的新未来增添助力。12 月教育部高等学校设计类专业教学指导委员会召开"教学质量国家标准"工作会议[23]，总结和交流设计学科教学"标准"研制工作的调研和指导情况。各种指导意见逐步深化完善，相关教育质量评估渐成体系。

（三）2014 年设计教育观念

随着信息技术飞速发展、人居环境问题和用户需求日益复杂，以用户为中心、以解决问题为导向逐渐成为近年来设计教育的重心。在此背景下，设计教育界通过一系列的学术研讨，展开对设计教育观念的种种思考。

1. 重视创新与实践能力培养。2014 年，由国内外 60 余所高等院校及教育机构的 200 余位代表参加的"中国高等教育学会设计教育专业委员会年会"，高等设计教育的创新与实践能力培养问题成为焦点。与会专家潘鲁生提出，基于设计学科的交叉属性和社会人才需求的变化，应深入理解设计教育的"实践"内涵，应积极探讨设计学科的创新与实践教学体系，构建包括课程实践教学、项目实践教学、创作实践教学、行业实践教学、社会实践教学等部分组成的创新与实践教学体系，坚持"以教学为中心，以教师为主导，以学生为主体"，强调人才在实际工作中经验、素质、技术、创意和学科专业知识的协调统一，就工艺传承型、科技创新型、产业服务型、策略管理型等设计人才实施分类培养,培养具有"科学精神、人文素养、艺术创新、技术能力"的创新型应用设计艺术人才。这是体现设计教育发展的内在趋势和解决当前设计教育与社会需求问题的根本。

2. 多渠道探索课程信息化的可行性。2014 年,课程信息化探索方面有两个特点:一是在线教学资源库的扩展壮大,包括国家高等职业教育艺术设计(工业设计)专业教学资源库网站的上线运营,和中国可持续设计学习网络(LeNS-China)的快速发展。二是"中国大学慕课"设计课程上线,线上线下成为一体。此外,微课以类似网易公开课的视频演示,也在 2014 年推出众多与设计相关的精品课程,如国家高等职业教育艺术设计(工业设计)专业教学资源库网站的微课。这些举措致力于从传统授课向网络时代教学的转变,以开放、共享的理念,打破地域、学历、专业的种种壁垒,促进设计教育发展。

3. 重视"大数据(big data)"的设计教育影响。2014 年,学界基本公认大数据对设计教育会产生极大影响。清华大学美术学院举办"迎接大数据时代"学术研讨会,认为大数据会导致设计行为、设计目标及设计人才的培养模式发生根本变化。随后"大数据时代'产学研'协同创新设计论坛",以大数据、协同、创新为关键词,研究产学研新格局,加强跨学科思考,促进教育交流,反思三者间的关系与定位,探讨如何提升协同创新的能力。

4. 探索工艺美术"再生产"在设计教育中的定位。2014 年,南通召开"再生产——中国当代工艺美术学术论坛暨 2014 年中国工艺美术学会理论委员会年会",讨论振兴和发展当代工艺美术并将其转化为全产业链的当代创意品牌,思考技艺传承、审美文化和生产实践,发布《中国工艺美术南通宣言》,旨在推动教育与产业的协同发展。浙江理工大学举办"当代中国工艺美术传承与发展理论研讨会",探讨"工艺美术在教育与设计中的作用",目标瞄准"技艺传承、行业发展、人才培养"三个方面,对当代工艺美术在设计教育中的定位与发展给予深刻的思考。

5. "创客"现象推动教育创新。作为创意产出者,创客与设计师之间存有共性,将创客文化引入设计教育的研究范畴,强调用户作为设计者或参与者融入设计过程。清华大学美术学院举办"英特尔创客教育论坛"[24],以"创客与教育"为主线,探索开放、自主和强调实践的创客运动将可能带给设计教育创新的新模式与新途径,以便在一定程度上实现"人人都是设计师"之愿景。

6. 可持续设计与社会创新课程比重加大。为培养可持续设计价值观,2014 年更多院校陆续开设"可持续设计"主题课程、讲座或研讨会,推动学界与社会对可持续设计加大关注力度,呼吁培养具备可持续设计价值观的设计人才。"数字化社会创新"2014 第四届江南大学 DESIS 国际研讨会作为"设计教育再设计"国际会议[25]的主要活动之一,提倡关注社会创新在设计学科中的重要作用,探讨设计和交互行为的产出结果,反映了产业和社会发展对设计教育提出的新要求。

7. 探索学生与市场接轨的新途径。2014 年 6 月"学生智造"[26]共享型网站上线运行,调动学生参与市场的积极性,整合教师、企业、政府的资源、协调性与能动性,探索设计人才孵化之创新性渠道。此外,2014 年众多院校将学生毕业作品展与用人单位的"双选会"合二为一,"2014 中国国际大学生时装周"上出现专场招聘会[27],体现出高校推介设计人才的努力与成效。

(四)目前存在的主要问题及解决思路

1. 不同院校的设计教育"趋同化"。解决"趋同化"问题,需加强设计教育的地域化,因地制宜,寻找和创造基于地域特色或学校特色的专业优势,培养多元化的设计人才。目的是在适合本国、本地区、本校实际情况的同时,避免"千校一面",根据自身特点和专长思考适合自身的办学理念,研究根据地域优势或学校特色而组织设计教学的途径与模式,以便在设计需求复杂化、多元化的背景下,更好地发挥有区别的教学优势,进一步形成教育创新手段的差异性策略。如中国美术学院设计学院重视实验教学,在实验室建设投入很大,并且以三个核心为实验教学的发展重点:(1)以传统手工艺为核心;(2)以机器制造工艺为核心;(3)以数字技术为核心。山东工艺美术学院深化设计教育特色办学实践,从学科专业布局到课堂内外实践教学环节突出创新与实践能力培养,完善高等设计教育"创新与实践教学体系"。同济大学设计创意学院强调激发学生自觉创建课程内容的重要性,由以往的"以教师为中心"转向"以学生为中心",利用信息平台改造教学手段。

2. 创意与动手能力发展不平衡。2014 年相关论文指出,设计学是理论与实践的结合,是偏工学的交叉学科,包括本体、管理、教育三个层面。本体的研究方法更侧重工学的实证模式,设计教学训练更接近逻辑实证的工作方法[28]。将创意表达为实物作品的唯一捷径就是多学多练,因此解决以上问题的思路落在改进实践课的数量比例、体裁规范、互动教学等方面。目前国内高校中的实践教学通常通过以下三种模式进行:(1)包豪斯的"实践印证理论"教学模式,常见于本科生的教学;(2)导师制导向下的"工作室"模式,常见于研究生的教学;(3)基于真实项目的实践教育模式。这种模式对学生的学历没有严格要求,除了高校,也多见于高职与中职的实践教学。

3. 设计学科与其他领域脱节。2014 年,诸多设计界人士呼吁设计创新教育向"集成能力创新"方向发展。设计服务、设计方法及设计产出的教育培养,需打破之前单向度的纵向教育,培养知识的全面性与集成性。"人才问题的核心问题是教育改革;设计与艺术、经济、文化、社会的融合,是今天的大学教育任务。"[29]大数据时代,技术创新更加成熟,设计教育创新视角将更多地聚焦于培养"集成"与"协同"的能力之上,通过跨地域、跨文化、跨学科的研究、交流与合作,聚合全社会的力量用于设计创新。这不但是设计教育转型中难以避免的过程环节,更会为改善现有的教学与市场的脱节等诸多问题提供新的视角与解决方案。

注释

[1] 陈敬 等:《传统徽派民居建筑元素设计特征及对现代建筑的启示》,《西安建筑科技大学学报(自然科学版)》2014 年第 5 期。

[2] 潘鲁生:《设计论》,中华书局 2013 年版。

［3］王巍：《数据驱动的设计模式之变》，《装饰》2014 年第 6 期。

［4］［荷兰］约斯·德·穆尔：《从开放设计到元设计（metadesign）——3D 打印数据库本体的冲击》，华铭等译，《社会科学战线》2014 年第 10 期。

［5］林鸿、江牧：《一战后德国现代主义设计诞生的社会深层因素》，《苏州大学学报》2014 年第 6 期。

［6］［英］彭妮·斯帕克：《英国设计，从威廉·莫里斯到今天》，《装饰》2014 年第 11 期。

［7］陈红玉：《20 世纪后期英国的设计理论及其历史地位》，《装饰》2014 年第 11 期。

［8］北京、上海、深圳是中国三家进入联合国教科文组织创意城市网络的"设计之都"，它们的发展状况是我国创意设计产业发展的重要标志。

［9］《来自广州美术学院、北京电影学院、清华大学美术学院、西安美术学院、中国传媒大学、中国美术学院的动画专业的毕业设计展述评》，《装饰》2014 年第 7 期，第 12—49 页。

［10］柯维：《"科技＋设计"模式催生新经济》，《科技日报》2014 年 12 月 11 日第 8 版。

［11］中国艺术研究院设计艺术院担任"中国国际创意设计展"的主办方已经有 4 年，此展宗旨是通过展示优秀设计作品和产品，体现国际创意设计趋势和潮流，促进中外创意设计领域的交流、推动生产机构与设计机构之间的对接合作。

［12］陈赞蔚：《广州美术学院影视动画设计专业优秀毕业设计作品》，《装饰》2014 年第 7 期。

［13］同［9］

［14］同［10］

［15］苏兵：《全球最大工业设计盛宴开席》，《深圳商报》2014 年 11 月 30 日第 A1 版。

［16］2014 年 4 月，文化部《贯彻落实〈国务院关于推进文化创意和设计服务与相关产业融合发展的若干意见〉的实施意见》将"优化提升北京国际设计周"列为"为创意设计推广、交易和交流合作提供平台"的重要途径之一。根据相关报道，"如何把设计与相关产业融

合"是北京国际设计周工作的第一要务,对实施意见的落实是2014北京国际设计周的运作关键。

[17] 与往年相比,"上海时装周2014"新增了设计师品牌线上销售渠道,在"2015春夏"作品发布的同时推出线上营销平台"尚街",嘉宾可扫描店铺二维码进入线上平台,即时选购自己心仪的走秀作品;此外,2014年北京国际设计周上的"设计猫"建立起O2O互动电子商务平台,其特点是为创意产品提供线上预购和销售、线下展示和交易等服务。

[18] 在知识网络时代,一切传统的设计模式正在面临深刻变革。云计算、大数据、智能技术、3D打印等技术的出现,将彻底改变设计研发、制造和服务的过程,它是信息革命与能源革命、制造革命结合起来的一场新的产业革命和思维革命。

[19] 以工业设计大展、红星奖、创客设计周、北京国际设计周为代表。

[20] 《2014—2015年设计学研究生学科排名》,发布于2014年7月8日,http://www.dolcn.com。

[21] 由国务院学位委员会办公室组织编撰,高等教育出版社正式出版。

[22] 值得一提的是,中国设计艺术院是该年会的主要支持单位之一:设计学教指委主任兼中国艺术研究院副院长谭平教授任组委会主任,设计学教指委副主任兼中国设计艺术院院长潘鲁生教授任组委会副主任,设计学教指委副主任兼中国设计艺术院何洁教授任常务副主任兼秘书长。

[23] 中国艺术研究院是此项工作会议的主办方,中国艺术研究院副院长兼研究生院院长吕品田教授、设计学教指委主任兼中国艺术研究院副院长谭平教授、设计学教指委副主任兼中国设计艺术院院长潘鲁生教授、设计学教指委副主任兼中国设计艺术院何洁教授等主要负责人针对调研与工作进展作了重要汇报,旨在共同成功研制出设计专业的"教学质量国家标准",并推进"标准"的落地实现。

[24] 该论坛有"高校跨学科创客教育实践""创客文化对产业的推动""学生创造力培养"等三个议题,与会者包括来自北京、上海、成都的创客团队及其杰出代表。

[25] "设计教育再设计"系列国际会议已经成功举办两届,2014年5月"设计教育再设计系列国际会议(三):设计的哲学概念"在前两次

关于学科研究和产业服务等问题探讨的基础上,尝试寻找各种复杂现象背后的普遍属性、共性技术和核心原则。

［26］曾强、蔡晓艳:《基于"学生智造"电商平台实现创意创新——设计人才孵化的研究与实践》,《装饰》2014 年第 8 期,第 76—77 页。该网站的下一步目标是完善在线交易内容,与传统线下展览(线下体验店)形成互动,促进学生作品的销量,同时还借助微信、微店、微博与 APP 手机客户端等多渠道媒介进行推广。

［27］2014 年 4 月 23 至 28 日于北京举办的 2014 年中国国际大学生时装周上出现了一项前所未有的特加项——针对"设计类、服装类、演艺类"的专场招聘会,旨在实现服装专业的学生与时尚企业之间"就业—招聘"的对接。

［28］郑曙旸:《机遇与挑战——关于中国道路的设计学思考》,《装饰》2014 年第 7 期,第 50—53 页。

［29］宋慰祖 2014 年 11 月 15 日"持续之道——国际可持续设计学术研讨会暨设计作品展"分论坛讲话。

(原载《设计艺术(山东工艺美术学院学报)》2015 年第 4 期,作者潘鲁生、殷波、吕明月)

培养应用型设计人才的迫切性

伴随着文化产业和设计产业的蓬勃发展,当下社会对应用型设计人才的需求日益增长。社会对人才类型的需求可以从不同的角度加以区分,单从工作或实践活动的目的来分析,可将现代社会的人才类型分为学术型(理论型)、技术型、应用型和技能型等。应用型人才主要是指从事社会生产或社会活动一线的技术人才和专业人才,其知识结构是围绕着一线生产的实际需要而构成,在能力培养中特别强调对专业知识的熟练掌握和基本技能的灵活应用,其具体内涵随着高等教育的发展而不断发展。从目前我国设计学学科发展趋势及经济文化对设计需求的角度来看,应用型设计人才培养具有很强的紧迫性。

一、立足设计战略需求及学科属性系统思考学科专业

从经济上看,我国制造业还大而不强,在设计投入上存在短板。经济越往前走,模仿空间越小,越需要自己创新,设计创新是必由之路。发展设计产业是优化产业结构、提升核心竞争力、促进经济增长方式转变,实现经济向"供给侧"改革的重要途径,目的是消化过剩产能,大力发展服务业,调整经济结构,并贯穿于"十三五"经济"新常态",实现创新、协调、绿色、开放和共享发展理念,这为设计产业发展提供了难得的机遇。设计创意具有无处不在的生活普及性,设计服务具备与更多产业领域跨界融合、催生裂变新型产业业态的强大功能。

从文化上看,设计的内涵是文化,在当代设计中融入传统文化,不但能为当代设计注入一份文化情节,而且也是形成当代设计特色的文化基石。把握设计文化的主动权,也是把握文化的话语权以及信念、价值观的传播权。中国的当代设计通过与传统文化的自然融合,能形成独具一格、自成一体的美。当代设计对传统文化的运用应该建立在人的审美需求与心理需要的基础上,是对传统文化充分理解后在设计创作中情感的自然流露。从中国设计的长远发展来看,要想赶上西方设计强国,必须首先认识自己的文化,了解自己民族的民俗、民风,民情,用心观察生活、体验生活。

从发达国家看,通过技术进步和产业政策调整重获设计制造业优势,几乎是所有工业强国的选择。在英国、美国、日本等

发达国家,设计已经成为国家发展战略的举措。美国制定了"再工业化""先进制造业伙伴计划",英国提出"高价值制造"战略,法国也提出"新工业法国",日本实施"再兴战略",韩国抛出"新增动力战略"。在学科专业设置方面,英国的设计学科设置建筑设计、室内设计、游戏设计、信息体验设计、视觉传达设计、交互设计、产品设计、服务设计、交通设计、创新工程设计、陶瓷与玻璃设计、金工和首饰设计和当代工艺等二级学科;意大利的设计学科设置饰品设计、商业设计、汽车设计、服装设计、交互设计、室内和生活设计、服务和体验设计、城市规划和建筑设计和视觉品牌设计等二级学科;芬兰设计学科设置应用艺术与设计、服装设计、家具设计、空间设计、纺织艺术和设计、工业设计、平面设计、舞台和影视设计等二级学科;美国的设计学科设置工艺和民间艺术与手艺、设计与可视传播(综合)、商业与广告艺术、工业设计、商业摄影、时装设计、室内设计、图形设计、图解、设计与应用艺术等二级学科;日本设计学科设置陶瓷、玻璃、金工、平面设计、产品设计、纺织设计、环境设计、信息设计等二级学科。这些国家的设计学科结构布局对于我们国家的设计学科设置具有重要的借鉴意义。

从我国新公布的学科专业目录来看,设计的交叉学科体系尚不完善。2011 年,我国公布了新的《学位授予和人才培养学科目录》,在此学科专业目录中,设计学一级学科及其相应的专业,考虑到设计与技术科学的交叉属性,设计学可以授"艺术学""工学"两种学位。但学科专业设置仍然存在以下问题,影响到应用型设计人才培养目标:其一,学科没有考虑设计学与人文社会科学的关系问题。设计服务文化产业、设计服务人文关怀、设计引导消费趋势等需要人文社会科学支撑;其二,缺少作为艺术学的设计学及工学领域的设计学培养目标的清晰定位与划分。工学领域设计可以完成原理、结构和功能层面设计,而原理、结构、功能相对稳定基础上局部改进的创新,产品形式的创新,引领服务消费等设计可以由艺术学领域的设计学完成;其三,缺少工学与艺术学培养的协作机制。解决设计学交叉学科问题,可以跨学科合作,英国皇家艺术学院艺术学的工业设计、交互设计等专业人才培养是与英国帝国理工大学、清华大学合作完成的。因此从学科属性看,设计学可以成为跨教育学、文学、工学、管理学和艺术学五个门类的一级学科,所授学位应该根据涉及领域的不同,跨教育学、文学、工学、管理学和艺术学五个门类,这既是对设计学学科的丰富和完善,也是对传统的文学等学科门类固有观念发展,是建立在"大设计"观念和设计学的交叉学科属性基础上的设计学科布局。

二、培养应用型设计人才,强调分类设置、分工协作

截至 2012 年 11 月,我国 31 个省市自治区(港澳台之外)2242 所高校中,有设计类专业的达 1 917 所,占全国高校总数的 3/4 以上,其中视觉传达设计占据主要位置,设计在校生达 200 余万,比中国域外各地设计类学生的总和还多。毋庸置疑,中国是设计教育最大的国度,但不是最强的设计国家,设计人才培养

过剩,近年的艺术设计、动画、服装设计与工程、工业设计、艺术设计学等设计类专业因就业低问题,在全国及部分省份列为红牌、黄牌专业。这种现象的原因之一是,设计类专业缺少分工,趋于泛化,缺少个性特色。解决这一问题应从两个方面着手:一是从宏观上,国家应对承担设计类教育的高等学校进行分类管理,制定设计类学科专业评价指标体系,不管中职教育、高职教育还是本科教育、研究生教育,都应以培养应用型人才为主,办学目标以能力为本位、以服务为宗旨、以就业为导向,面向市场,面向社会。职业教育和高等教育虽然培养目标不同,但是保持必要的流通性和分工协作是有益的,我们既不能将职业教育办成终极性的教育,也不可以将高等教育引入"学历教育"或"应试教育"的轨道。无论是哪一类教育或是哪一级教育,都应该是开放性的,从而给人才的流动和发展以较大的空间。应用型人才的发展途径畅通,无疑将有利于职业教育和高等教育的发展以及应用型人才的培养。二是从微观上,高等学校应该根据自身的优势和条件承担相应的设计教育职责。综合性大学及综合性艺术院校主要承担起学科、学理层面的设计人才培养任务;理工及技术类大学主要承担结构、技术及材料应用的技术型设计人才;艺术与设计院校承担设计问题解决方案层面的应用型设计人才;高职类设计院校承担实施层面的技能型设计人才。

设计类应用型人才是指"运用成熟的设计方法、设计原理发现和解决现实存在的设计问题、服务社会需求的设计人才",介于"学术型"和"技能型"之间。就目前国民经济发展的态势而言，社会急需四种应用型设计人才：

1. 中华造物文明传承的——工艺传承型设计人才。

2. 致力于创新驱动——科技创新型设计人才。

3. 面向经济社会发展的产业——服务型设计人才。

4. 着眼生态文明大局，侧重理论研究与战略规划——策略研究型设计人才。

三、经济文化环境给应用型设计人才发展提供的机遇

（一）民族文化传承、文化产业发展为应用型设计人才提供的机遇

2014 年 10 月 15 日，习近平在文艺工作座谈会上强调："没有中华文化繁荣兴盛，就没有中华民族伟大复兴。一个民族的复兴需要强大的物质力量，也需要强大的精神力量。没有先进文化的积极引领，没有人民精神世界的极大丰富，没有民族精神力量的不断增强，一个国家、一个民族不可能屹立于世界民族之林。"《中共中央关于繁荣发展社会主义文艺的意见》提出，要坚持以人民为中心的创作导向，让中国精神成为社会主义文艺的灵魂，创作无愧于时代的优秀作品，建设德艺双馨的文艺队伍。这为培育文艺人才、传承与弘扬中华优秀传统文化、服务社会、加快高素质艺术人才培养提供了根本遵循。中央"十三五"规

划建议指出,发展创意文化产业,使文化产业成为国民经济支柱产业。《国务院关于推进文化创意和设计服务与相关产业融合发展的若干意见》、文化部等《关于深入推进文化金融合作的意见》等一系列围绕设计服务与相关产业融合发展的政策措施,为应用型设计人才提供了广阔发展空间。

(二) 国家政策构建为设计产业提供的机遇

2015 年 3 月,国务院发布《中国制造 2025》,明确提出"提高创新设计能力",发展各类创新设计教育,提出"健全多层次人才培养体系",实现制造强国的战略目标。"互联网 ＋"行动计划出台,新的社会化创新关系形成。6 月,国务院发布《关于大力推进大众创业万众创新若干政策措施的意见》,对支持政策进行全方位部署。9 月,《关于加快构建大众创业万众创新支撑平台的指导意见》发布,这是加快推动众创、众包、众扶、众筹等新模式、新业态发展的系统性指导文件,为推进大众创业万众创新提供了强大的支撑。10 月 14 日,国务院常务会议强调:"利用互联网推动工业企业的技术创新,这是一场真正的'新工业革命'。""'中国制造 2025'的核心就是'智能升级',是工业化与信息化的高度结合。因而必须要把'中国制造 2025'与'互联网 ＋'和'双创'紧密结合起来。"11 月 10 日,国家主席习近平在中央财经领导小组第 11 次会议上提出,"在适度扩大总需求的同时,着力增加供给侧结构性改革,着力提高供给体系质量和效率,增强经济持续增长动力,推动我国社会生产力水平实现整体跃升"。1 月 18 日,习近平主席在亚太经合组织工商领导人峰会上提出,要解决世界经济深层次问题,单纯靠货币刺激政策是不够的,必须下决心在推进经济结构性改革方面做更大努力,使供给体系更适应需求结构的变化。实施"供给侧结构性改革",从供给数量向供给质量转变,从供给产品向供给文化转变,从供给作品向供给功能转变,设计创新是构成要素。国家自上而下这一系列政策的颁布,有助于实现设计驱动创新,破除产业瓶颈壁垒,发挥战略性的导向作用。设计中文化的、知识的、信息的、科技的乃至心理的因素在智力经济发展过程中将越来越具有决定性作用,在传统产业结构调整和转型升级中发挥关键作用。

(三)科技发展新潮流为设计发展提供的机遇

智能技术进一步发展,改变传统设计模式、生产模式、商业模式和生活方式。在虚拟设计中,设计系统高度集成、产品原型快速生成、复杂形体透明构成。数字制造发展,直接根据计算机图形数据,打印生成产品。物联网传播加强,通过条形码、图像识别,原本不具有计算或数字感知特征的事物成功接入物联网。智能化生活拓展,自动化操作、信息化处理改变生活方式。科技推动设计服务两大制高点:大制造和微制造。大制造,包含高铁技术、集成创新系统等,是设计制造网络的协同与合力;微制造,面向定制化、个性化、多元化市场需求。如相关研究预测,"设计者将成为数据库设计者、元设计者,不是设计具体物品,而是定义设计空间,以便更多网络用户参与和实现设计"。这些科学技术的发展所带来的新潮流直接影响和引导着未来设计的发展

公共艺术设计《兰亭序》 苏绣 潘鲁生 2021 年

趋势。

（四）"互联网+"语境重塑设计语言提供的机遇

"互联网＋"和大数据的迅速发展,使得数据可视化设计成为新兴产品。同时,设计师在界面设计上注重倡导隐形设计,他们的设计理念已被"优秀的设计是隐形的"占据,设计是要承载信息,而不是阻碍信息。此外,随着微传播时代的到来,图标设计的传统内涵也在发生着改变。为了在越来越小的阅读界面展现出更多的讯息和内容,设计师们研发新一代图标以适应全新的展示界面。加上设计平台的普及,设计参与者越来越多元化。在网络信息环境里,人人都有视觉理念,都有表达可能。视觉设计的呈现方式随着媒介多样化不断丰富,从一维到多维、从静态到动态、从受众被动到主动参与,发生深刻变化。这些新形势的出现给应用型人才培养指明了一个方向。

（五）民生需求呼应设计人文关怀给学校提供的机遇

老龄化社会到来,生态环境问题,城镇化问题,这些成为设计的关注焦点,设计回归现实,民生是根本出发点。由于我国已进入人口老龄化社会,预计到2040年我国老年人口总数将达到3.74亿,占我国总人数的24.48％;到2050年,这一比例将达到30.7％,进入老龄化高峰期。以老年用户为中心的设计研究相继展开,包容性设计、无障碍设计、通用设计、跨代设计、全寿命设计等进一步发展。城镇化进程中的公共艺术设计进一步受到关注,城镇化进程中的公共艺术设计,创造对话平台和互动体验空间,弥合人与人、人与社会、人与自然的裂痕,促进社会和谐。

(六) 传统工艺振兴给学校提供的发展机遇

传统工艺成为创意文化战略资源,传统文化成为设计新的"生长点"。传承人培训与设计人才工艺传承实现双向融合,传统工艺融入当代设计也是趋势所在,具体是以当代设计观念转化传统手艺样式,以当代设计语言转化手艺文化内容,以当代设计创意产业转化传统手艺产业,以品牌设计转化传统手艺代工。因此我们也就民艺复兴与设计文化发展提出六点建议,即进一步开展民艺研究,激发中国民艺的学术自觉;实施立法保护,重新修订《传统工艺美术保护条例》;加强政策扶持,制定"促进传统工艺产业的发展规划";完善国民教育,将手艺纳入国民教育体系筹考虑;开展公益服务,为手艺人搭建"公平贸易"桥梁;推进设计转化,加强工艺资源当代设计转化。

四、设计学学位建设及"专业型博士"的设置问题

(一) 设计学学位类型

我国高等教育呈现出金字塔型结构:顶端是少数的研究型大学,中间是普通本科院校,底部是高职高专院校。针对设计学科及行业特点,设计类专业应该构建从职业教育、专科教育、本科教育(学士)、研究生教育(硕士、博士)不同层次的培养

体系。

技能型设计人才：主要由高等职业教育、行业企业与职业院校承担。技能型设计人才是国家创新型人才的重要组成部分。从我国建设创新型国家的战略目标出发，职业教育必须肩负起技能型设计人才培养的重要使命。这是一项艰巨的工程，必须要形成政府、企业、职业学校共同努力的建设格局，要创建开放的创新教育环境，注重教育各领域及教育教学内部各环节之间的有机联系。

本科学士设计人才：以社会需要为导向，以行业和市场需要为基本原则的应用型人才，强调理论研究和技术应用，采取专业学位＋行业职业证书的"双证书"制度，是我国目前高等院校普遍存在的一种人才培养模式。

硕士及专业硕士：培养具有扎实理论基础，并适应特定行业或职业实际工作需要的应用型高层次专门人才。学术型硕士按学科设立，其以学术研究为导向，偏重理论和研究，培养大学教师和科研机构的研究人员；而专业硕士以专业实践为导向，重视实践和应用，培养在专业和专门技术上受到正规的、高水平训练的高层次人才。专业硕士的突出特点是学术型与职业性紧密结合。

学术型博士：探索设计本质、学理及设计学共性问题，偏重于专业知识、学理的系统研究与应用，这类人才以高深知识为工作对象，以学术创新为目的，具有"学者"的基本素质：坚实的知识基础，包括系统扎实的专业知识、规范科学的研究方法知识、广博宽厚的跨学科知识；卓越的学术能力，包括独立的探究意识、丰富的想象力和理性批判能力；以学术为志业的品质，包括独立人格、对学术的热情、忠诚于学术及坚强的意志力和敢于冒险的精神。

专业型博士：专业型博士研究生教育强调系统掌握设计理论知识，密切关注专业实践，注重研究专业领域中的实际问题，并灵活处理设计实践中出现的系列问题，强调专业能力的提升和专业知识生产的独创性，偏重设计管理型及设计问题系统解决型。

（二）设计学专业博士及培养原则

我国设置的艺术类专业学位为专业硕士，目前全国有 300 余所高等学校获得专业硕士培养权，除了 31 所独立建制院校外，90％以上在其他院校，这比 3/4 左右高等学校有本科、高职艺术教育的比例还高。但就设计学专业博士而言，承担高校类型应该以独立建制的艺术院校为主体，承担设计学专业博士的培养工作，以突出设计学专业博士的实践问题导向，综合性大学可以利用其综合学科优势培养学术型博士。

专业领域设置的动态发展原则。目前学术型学位，教育部负责一级学科设置，但设计学专业博士领域不宜按照学术型博士设置方法，有关职能部门应该根据各独立建制院校的学科专业优势，根据社会急需应用型设计人才设置学科领域，如工艺美术设计、数字媒体设计、工业设计、交互设计等，并采用动态管理机制，根据有关高等学校有针对性地布点，布点范围不宜过广。

（三）跨学科培养及问题导向评价方式原则

生源的跨学科背景原则：专业博士应该强调学生的多学科学术背景，特别是艺术学、工学及人文社会科学的交叉学科背景。在培养方式上，可以考虑跨校培养，如英国皇家艺术学院的工业设计、交互设计、多媒体设计专业与帝国理工大学、清华大学合作跨学科培养，值得我们借鉴。

问题导向评价方式的原则：专业博士不宜以论文评价为依据，而应该强调问题导向的解决问题能力、策划能力与设计管理能力。作为世界最早设立设计学博士学位的澳大利亚斯文伯纳科技大学的做法值得借鉴。斯文伯纳科技大学艾伦·怀特菲尔德（Allan Whitfield）教授说："传统意义上的博士是完成一篇学术论文，最终形成一本学术著作，然后学术著作进入图书馆，这就是博士科研成果的最终归宿。与现代的其他传播方式相比，进入图书馆就像进入坟墓，这是博士在现代社会的尴尬，也是其弊端所在。"斯文伯纳科技大学的设计学博士教育在世界上是开展最早的，而且非常有特色。设计学博士毕业生不再是以完成一篇博士论文为评价依据，而是选择有实践意义或社会关注的热点问题为课题进行设计策划，并对方案策划的整个过程进行说明，形成文本，以此作为博士毕业的评价依据。如，一位学生针对某亚洲国家父亲在家中吸烟影响孩子身体健康的这一社会问题，先是获得世界卫生组织的资金资助，然后在该国的孩子中间调查他们对父亲吸烟的态度，最终从家庭伦理观念出发做出劝阻父亲在家中抽烟的公益广告。在这一过程中，从为孩子设计他们能看懂的调查问卷表到最终做出这一广告便是他的博士课题项目。又如,我国台湾地区在该校的一位博士设计了面向中国市场的椅子,获得六项专利,并建立了自己的产品推广网站,然后将这些内容形成文本。这种培养实践型人才的方法值得借鉴。

总之,中国文化复兴、经济转型与升级、科学技术发展升级,都为应用型设计人才发展提供了新的机遇,国家、高校应该从学科专业设置、宏观把握、微观落实等多层面科学构建应用型设计人才培养体系,满足经济文化发展对应用型人才的迫切需求。

注释

[1] http://www.sdada.edu.cn/show.php? id = 563055,山东工艺美术学院代表团访问澳大利亚、新西兰和新加坡的工作报告。

[2] 潘鲁生:《设计论》,中华书局 2013 年版。

[3] 潘鲁生:《设计九讲》,山东画报出版社 2006 年版。

[4] 刘念才、程莹、刘少雪:《美国学科专业的设置与借鉴》,《世界教育信息》2003 年第 1 期。

[5] Donald Norman, why design education must change, http://www.core77.com/blog/columns/why_design_education_must_change_17993.asp.

(原载《创意与设计》2016 年第 2 期)

辑四

设计实践

论国家视觉形象设计

——以青岛上合峰会艺术创意设计为例

　　古往今来,经典设计所阐释传播的国家形象,往往凝聚了人民的认同和归属,并在国际社会展示传播了自身的文化和理念。历史上,设计的文脉背后沉潜着一个文明古国的生活方式、生存智慧和文化创造,丝绸之路上,随着瓷器、漆器、丝织品远播海外,域外之士透过有形的器物、工艺而知"中国",传统工艺设计诠释和传播了中华文明。新中国成立之时,国徽、国旗、政协徽章、开国邮票以及 20 世纪 50 年代人民大会堂等"十大建筑"设计,体现民族胸怀、国家策略和文化取向,彰显了庄严的国家气象和时代精神,成为标志性、历史性的象征。改革开放以来,经济发展,文化活跃,不仅民族民间文化符号受到关注,一系列具有文化标志意义的设计应用于节日文化、百姓生活,成为国家形象的生动体现;工业设计领域也涌现了众多经典"国货",在改善人民生活的同时,也成为具有文化魅力的国家"符号"。如果说国家形象是国家的形象化,通过可感可知的形象、事物体现国家的发展理念、文化传统和综合国力，那么，诉诸视觉形象或空间、产品的设计往往就是国家形象的表征，是展示传播国家形象的有效途径。

新时代，习近平总书记指出："要注重塑造我国的国家形象，重点展示中国历史底蕴深厚、各民族多元一体、文化多样和谐的文明大国形象，政治清明、经济发展、文化繁荣、社会稳定、人民团结、山河秀美的东方大国形象，坚持和平发展、促进共同发展、维护国际公平正义、为人类做出贡献的负责任大国形象，对外更加开放、更加具有亲和力、充满希望、充满活力的社会主义大国形象。"以设计诠释传播国家形象的自觉度进一步提升，更加注重在传统文化的基础上，进行符号系统的拓展与更新，在原创性和内涵精神等各方面传达出中国特色，形成了既有历史传承，又有现代感与亲和力的国家形象符号系统，具有时代的、人民的、文明进步的内涵，同时，技术进步也使设计达到了新的高度。

以上海合作组织青岛峰会的艺术创意设计为例。党的十九大报告，凸显习近平新时代中国特色社会主义思想，明确中国特色大国外交要推动构建新型国际关系，推动构建人类命运共同体。峰会举办地山东是儒家文化的发源地，礼乐传统源远流长。峰会的礼品、艺术品、国宴用瓷、视觉形象、服装设计以习近平总书记的外交思想为引领，展示从礼乐文明到构建人类命运共同体的中国智慧、中国精神、中国风范，是创意设计的主题和线索。

具体在礼品设计方面，主题有《合和共生》《礼乐共鸣》《国泰民安》《至诚知音》《厚德载物》等，汲取礼乐文明经典元素和意象，展现新时代大国外交理念，表达友好合作意愿，象征和平发展。注重寓情于礼,彰显大国外交理念,在内容寓意、形象形式、工艺材质、风格定位等各方面,全面展现从礼乐文明到构建人类命运共同体的外交思想和理念。

在艺术品及陈设设计方面,注重形神兼备,凝练儒家文脉、泰山精神及齐鲁之百川归海的自然与人文元素,通过艺术品及陈设品进行展示,营造富有历史文化底蕴、体现发展愿景和外交理念的环境氛围。迎宾区以"礼"为主题,喻示礼遇贤者,作品意象为登泰山而览群岳;宴会区以"乐"为主题,喻示乐合天地,作品意象为百花开而世繁荣;会议区以"和"为主题,喻示和谐共处,作品意象为志向同而大道合。

在国宴用瓷方面,包含"礼乐华章""英霞芳姿""锦绣中华"等系列,以和谐圆融、富于生机的青铜纹饰,彰显中华传统礼乐精神;以国色天香之菏泽牡丹为纹饰,红底配色,体现齐鲁热情,并象征团结友好的友谊之花;以传统工笔、民间剪纸及现代插画等为手法表现牡丹,雅金配色,将中华繁荣昌盛之美写于国瓷。高档镁质强化瓷,瓷质细腻洁白,热稳定性优越;运用釉中彩和釉下彩工艺,确保国宴用瓷无铅无镉健康安全。采用国际领先水平和中国独有的"釉中金"工艺,持久厚重;运用画面浮雕转印技术,图案精细,具有立体浮雕效果。

在视觉形象方面,视觉主体形象为泰山云海,可见山脉连绵,云海相依,气势磅礴。泰山是中华民族的象征,是"天人合一"思想的寄托之地,是中华民族精神的家园。泰山历史悠久,文化荟萃,也是齐鲁文化的象征。高山喻示登高望远、阔步前行,携手努力建设持久和平、共同繁荣的亚洲和世界。"志合者,不以山海为远",喻示各国之间山水相连,血脉相通,构建平等相待、守望相助、休戚与共、安危共担的命运共同体。

在服装设计中,设计理念在于:朴素大方,庄重文雅,符合会议氛围;色彩纯正,质地柔和,符合季节特点;轻便舒适,简洁灵巧,体现服务功能;传统元素,创新运用,体现中华文化;国际标准,经典款式,体现外交规范。内围服务服装设计灵感来源于陈逸飞的油画《夜宴》,如油画走出的古典少女,端庄大方。衣长稍短,色彩素雅,光泽温润,符合服务工作特点。会议服务服装严肃庄重,套装制服款式,领口雅致,裙长过膝,色彩稳重。现代风格中融入中国传统元素。宴会服务服装衬衫配马甲制式,体现宴会服务专业性;简洁大方中融入细节装饰,体现宴会品质,代表国家形象。安保、保洁服装庄重朴素,体现功能定位。志愿者服装简洁大方,干净整齐,易于识别,便于行动,富有热情朝气,体现志愿服务定位。

在文艺演出中,灯光焰火演出以天空为屏幕、以大海为舞台、以城市为景观,使人置身于辽阔的天海之间,以灯火勾绘城市影像,以视觉艺术诠释友谊合作如沧海长空般广阔的空间、沟通发展如城市景观灯火般温暖便捷,在广阔自然与城市人文交融的语境中,诠释上海精神关于合作共识、关于友谊的理念、视野与格局,将艺术作为纽带,形成共鸣。

可以说,体现国家形象的设计首先是一种内在的凝聚和认同,是民族精神和时代精神的表征。近年来,国家勋章和国家荣誉称号法颁布施行,荣典制度进一步健全,作为国家最高荣誉载体的友谊勋章等,其设计通过图案和工艺表现荣誉内容,象征可贵的精神、杰出的贡献和光辉的史实,彰显了民族精神和时代精神。相关设计既形象直观,又凝练深刻,体现了国家的主导价值、文化认同和精神凝聚,引领人们的精神追求,是国家形象的设计表达。应该说,国家形象首先是一种主体意识,是内在的认同、凝聚和追求,也是国家或民族精神文化中最熠熠生辉的内容,具有引领价值观念、淳化社会风俗和激励民众精神的作用。

彰显国家形象的设计也是发展理念和文明视野的诠释,在交流交往中传播和发挥影响。例如,"北京 APEC 峰会"标志中以 21 根线条描绘多彩地球,"杭州 G20 峰会"标志中突出了"桥"的意象,"厦门金砖国家峰会"的标志形象是鼓满的风帆,"青岛上海合作组织峰会"的视觉形象以山脉相连、云海相依为背景,"一带一路"峰会论坛的标志设计成丝带汇聚,表现了"同命运、共患难,携手前行"的中国视野和智慧,表达了尊重多样文明、谋求共同发展的核心理念。在一系列主场外交活动中,相关艺术设计通过视觉意象具体生动地表达国家立场,传播智慧理念,呈现出鲜明的标识性和深远的文化内涵,富有深刻的传播力和影响力。设计诉诸"形""象",直观诠释理念,往往更容易超越文字语言的藩篱,弥合民族文化的差异,形成认知的、情感的共鸣,在构建和传播国家形象中,发挥不可或缺的作用。

值得指出的是,设计融会艺术与科学,是工业制造领域的创新驱动力量,是文化创意等生产性服务业的重要组成部分,设计生产力在很大程度上代表国家的创新创造活力,成为国家形象的生动表达。当前,一系列开创性的科学及工程技术成果彰显了国家形象,成为国力的象征。如工程设计领域,港珠澳大桥建成通车,其设计建设开创了多项世界之最,天堑变通途,向世人展现了逢山开路、遇水架桥富有奋斗精神的国家形象,展现了互联互通、自信同心、复兴圆梦的国家形象。工业设计领域,国产大飞机 C919、高速动车组、5G 通信系统等,展现了富有自主创新能力,在通往未来的道路上行稳致远、追求卓越的国家形象。实践证明,国家形象既是历史文明、国家文化软实力的体现,是文化的象征,也是社会发展、综合国力的体现,相关设计不仅注重发掘和凝练蕴含民族文化传统和深远传承意义的符号、意象和语言,构建中国设计的主体话语,更与技术革新紧密结合,体现出国家的创新创造活力,展现了新时代的中国特色。

设计以艺术和科学为两翼,形之于物,赋之以道,具体直观,富于感染力。我们要更加自觉地把握设计阐释和传播国家形象的作用,汲取优秀传统,扎根人民生活,融会时代精神,以富有民族文化内涵、具有独创精神、体现时代脉搏的好设计服务人民生活,贡献人类社会,以优秀的设计为新时代中国形象代言。

(原题《设计视野里的国家形象》,载《人民日报》,编选时作了补充)

艺术设计的时代命题

——第十三届全国美展艺术设计作品展述评

在习近平总书记《在文艺工作座谈会上的讲话》发表五周年之际，在全国人民喜迎七十周年国庆之际，第十三届全国美术作品展览隆重开幕。这是落实《讲话》精神的检阅，也是广大美术工作者勇攀文艺高峰的成果汇报。其中的"艺术设计作品展"，集中呈现了艺术设计者的创作导向、审美追求和创新水平，展现了艺术家"以人民为中心"，深入生活、扎根人民、服务社会民生的价值追求和收获成果，体现了广大艺术设计者对"创造性转化、创新性发展"理念的实践落实，反映了新时代文艺工作者的文化视野和家国情怀。

一、艺术设计的基本面貌

创始于 1949 年第一次文代会的"全国美展"，是新中国成立以来国内规模最大、参与范围最广、作品种类最多、最具影响力和权威性的国家级综合性美术大展。自 1999 年开始设立"艺术设计"展区以来,对我国艺术设计的优秀成果进行集中展示,在专业领域以及更广泛的文化生产和生活领域产生了积极影响。近五年来,伴随中国设计产业发展,高等艺术教育水平提高,设计界的学术文化交流更加深入。中国美协艺术设计类艺委会组织了大量学术研讨与创作交流活动,"第九届全国视觉传达设计教育论坛暨第九届'未来之星'全国大学生视觉传达设计大展""首届全国工艺美术大展""首届国际实体交互设计大展""中国服装画大展""新时代中国环境艺术设计学术论坛""中国乡村建设高峰论坛""新常态下设计创新驱动力——中国美协设计类艺委会互动峰会""第九届中国现代手工艺学院展""第二届中国国际大学生设计双年展"等一系列活动连续举办,对带动和促进我国设计创作发展发挥了重要作用。在此基础上,今年第十三届全国美术作品展览艺术设计作品展呈现出新的气象和高度。

第十三届全国美术作品展览艺术设计作品展,以"庆祝新中国七十华诞,展览艺术设计精品力作"为主题,集中展示新时代中国艺术设计领域的发展成就,展现艺术设计的中国精神、中国风格和中国气派,关注艺术设计的社会与民生价值,体现设计创新活力和时代精神。本届艺术设计作品展分为平面设计、工艺美术、工业设计、服装设计、环境设计、建筑艺术六大门类,其中,"建筑艺术"是首次增设的类别。自 2019 年 4 月,艺术设计展区面向全国直接征稿,共收到作品 6872 件套。2019 年 7 月 12 日,艺术设计展区初评工作在山东工艺美术学院美术馆进行,初审入选作品 996 件套（其中平面设计作品 195 件套、工艺美术作品 249 件套、工业设计作品 153 件套、服装设计作品 128 件套、环境设计作品 185 件套、建筑设计作品 86 件套）。第十三届全国美展艺术设计展区复评工作于 8 月 6 日在山东工艺美术学院进行。经过严格评选，艺术设计展区共遴选出 495 件套入选作品（平面设计作品 102 件套、工艺美术作品 98 件套、工业设计作品 80 件套、服装设计作品 66 件套、环境设计作品 95 件套、建筑设计作品 54 件套），其中进京作品 73 件套（含获奖提名作品 11 件套），在遴选总数上，比第十二届全国美展艺术设计展区 478 件套作品，增加 17 件套。经过积极认真的筹备，第十三届全国美术作品展览艺术设计作品展于 2019 年 9 月 6 日在山东工艺美术学院美术馆隆重开幕。

新时代呼唤新文艺，新时代孕育新设计。在"以人民为中心"的思想指引下，形成了一批艺术设计的精品力作，这些作品从人民群众的日常生活出发，关注乡村振兴的现实需求，探索改进日用物品、生产工具以及城乡建筑，体现了"为人民而设计"的价值导向，充满了生活的温度与情怀。这些作品注重传承中华文脉，表现中华文化精神，传承发展中华文化创造力，从工艺美术到建筑、环境设计都注重体现文化传统，融汇民族元素，具有鲜明的文化特色和文化精神。这些作品贯彻创新发展理念，不仅与新技术的深度融合，加速传统业结构性转型，带动现代制造业升级，催生多元文化业态，促进文化产业发展，培育优质的生活形态；而且从当代中国的伟大创造和伟大实践中发现创作主题，深刻反映时代的历史巨变，体现了中国面貌、中国变化、中国精神，反映了践行社会主义核心价值观主题创作。整体上看，本届艺术设计展览中，中华优秀传统文化创造性转化和创新性发展成为艺术设计新的"生长点"，社会民生成为艺术设计的根本"着力点"，塑造大国形象、诠释中华文明、筑梦民族复兴成为艺术设计的集中"关注点"，从服务国家重大国际交流活动的艺术设计、体现中国技术水平的高速铁路、航空航天的工业设计，到百姓生活的日用及工艺设计，都彰显了社会发展、文明进步的追求，体现了全面协调促进生态和谐、推动经济高质量发展、促进文化繁荣、优化生活方式的风貌，富有时代精神，充满发展活力。

二、艺术设计的价值导向

艺术设计具有时代性。农耕时代的中华造物是一个庞大的文化生态体系，设计作为血脉周流贯通，使"物的体系"与传统社会的风俗伦理、秩序规范融合为一；工业时代的设计作为现代产业链上游的独立环节，为驱动产业发展并带动市场消费发挥了重要作用；当前，设计的根本目标已经超越增进工业、商业、农业等物质繁荣以获取更大的效益和更强的实力，进一步着眼文明进步和社会发展，探寻并实践新时代和谐幸福的生活范式。

新时代，以人民为中心，回归日常生活，服务社会民生，是艺术设计的核心价值导向。第十三届全国美展艺术设计展涌现了诸多关注社会民生、提升群众生活品质的典型设计作品。例如，进京展览作品《地瓜社区》（周舒、郭曦、魏星宇），致力帮助社区居民以自身技能为本社区提供服务,把人防设施改造成新的社区共享公共空间,以新颖的活动形式吸引社区家庭参与,促进邻里沟通,打造互信、协作、和谐的生活环境。作品《医用穿刺机器人设计》(何晓佑、邓嵘、逄亚彬、朱文萱),用工业设计方法,将图像处理技术、空间定位导航技术、智能机器人技术进行一体化整合设计,通过设计使医用产品更具人性化内涵,以艺术设计服务社会民生。作品《国药传承的先锋精神——康缘厂区制剂车间的涅槃重生》(单德林),通过环境设计盘活既有空间资源。还有不少入选作品致力通过设计扶贫助困,降低能耗污染、维护生态环境,构建和谐的生活方式,以满足人们幸福的生活需要并促进社会可持续发展。为人民服务,体现人民利益,反映人民愿望,满足人民对美好生活的需要,已经成为新时代的艺术设计主题。

尤其值得指出的是,艺术设计关注乡村振兴、服务乡村民生,形成了一系列优秀作品。例如,工业设计作品《背包式微型农耕机》(王立端、周俊杰、杨思凡、姚笑远、王松、刘茜雅),回应群众需求,为"三农"设计,是比较典型的设计案例。还有《精准扶贫奔小康》(刘斌)、《美丽乡村》(李曙光)、《脱贫致富》(张子晶),工艺美术作品《芒》(王沁)、《在希望的田野上》(孙磊、单大鹏、刘小洪)等作品,均以平面设计形式表现乡村振兴主题,对贴近生活的审美视觉设计做出探索。在维护传统村落生态环境和提高乡建文化质量方面,与百姓民生密切相关的建筑设计也受到关注,许多优秀设计以当代设计创新的视角进行了民居营建情境还原和艺术提升,为传统村落的空间营造提供了典型参照。例如,获奖提名作品《大木·匠造——中国传统村落民居营建文化作品展陈》（孙继任、孟福伟、谢亚平、刘贺玮），以中国传统建筑的木质架构为核心，呈现传统建筑营造的独特结构、构建过程和"材美工巧"的审美特质，凝练民居营建工序与匠意，诠释了中国民间大木匠造的工艺传统和中国民间造房之美。作品从宏观角度关注民间造房的社会价值、民俗仪轨和参与生产的人际和谐，同时也从微观角度关照工匠个体的生存状态，重拾大木匠造的文化传承。进京展览作品《保卫延安、保卫宝塔山——延安宝塔山原生态风貌保护规划》（郭贝贝、张豪、毛晨悦、翁萌），突出呈现了对革命老区、革命纪念地文化生态的重视和维护，该规划设计以革命圣地陕北延安宝塔山为中心，利用当地黄土高原的土石材质、遵循原生态原则予以规划设计和风貌保护，也对陕北生态和民居风貌的保护提供了示范案例。还有《巴渝乡愁——重庆乡愁博物馆》（刘涛、胡大勇、熊洁、马敏、赵瑞瑞）、《浙江安吉横源里村民居改造设计》（王俊磊）、《土家风雨廊桥的演替实践》（黄耘、王平好、罗夏）等典型代表作品，都尊重本地自然的民族民间特色，结合现代创意设计，体现了中国乡土美学风格。

综合来看，很多艺术设计作品的创作触角已延伸到社会生活的各领域，体现了较为广泛的社会价值。无论是体现生产或生活功能的设计、体现艺术精神功能的设计，还是体现文化遗产保护功能的设计，反映到物质产出、情感寄托、制度规范、自然环境以及工匠精神等诸多方面，都呈现出关注民生之本的价值导向。如体现在物质生产层面的设计，从生产生活需要出发，多呈现出对作品实用性、适用性、高质量的追求；体现在情感寄托层面的设计，作品多传达出对生活体验感、审美性、历史感、意义感的关注;体现在制度规范层面的设计,作品蕴含着对道德、习惯、秩序等价值的认同;体现在自然环境层面的设计,作品传达出对健康可持续生活等价值的保护与活化。实践证明,艺术设计需要坚实的文化底蕴,只有扎根人民,贴近生活,才能获得取之不尽、用之不竭的创作源泉,只有真正做到以人民为中心,才能发挥最大正能量。

三、艺术设计的文化引领

进入新时代,设计获得了坚实的发展基础,设计也成为生活方式、文化认同、心灵境界构建的重要途径,体现了文化的引领与构建作用。

首先,艺术设计服务国家形象建设,尤其体现了内在凝聚与认同,是民族精神和时代精神的表征,也向世界对中国发展理念、中国智慧和价值观做出诠释与传播。例如,第十三届全国美展艺术设计作品展获奖提名作品《二十国集团领导人杭州峰会视觉形象设计》(袁由敏、方宏章),以"桥"为主要设计意象,体现"同命运、共患难,携手前行"的中国智慧和国际视野。看似简洁的图像构成,实则蕴含深厚的中华美学风格与对中国文化符号的设计考量。第十三届全国美展艺术设计作品展入选作品《上海合作组织成员国元首理事会会议系统设计》(孙大刚、张培源、丁怡君、刘彦辰),以泰山云海为主体意象,体现了泰山所代表的中华文化,寓示各国之间山水相连,血脉相通,构建平等相待、守望相助、休戚与共、安危共担的命运共同体。可以看到,设计诉诸"形"与"象",更易超越文字语言局限,唤起认知、情感上的共鸣,在构建和传播国家形象中,具有重要作用。

与此同时,艺术设计诠释生活之美,有助于构建具有中国文化精神的生活美学,提升生活品质,满足人们对美好生活的期待。第十三届全国美展艺术设计作品展获奖提名作品《2019国际青年艺术周》(毕学峰、陈沛涛、文浩宇)以缤纷多彩的设计元素,呈现出多元包容、朝气蓬勃、面向世界的青春活力和开放心态。获奖提名作品《66段书写》(石韵媛)则以书写于不同材质和媒介的中国书法文字水墨,凸显中国传统的文化情境和融入当下的创意设计。获奖提名作品《一路温暖》(李艾虹)的设计灵感源自对传统设计的新思考,将传统手工制作的侗族棉布面料与现代技术碰撞产生新的思维火花,通过对一块侗族传统面料的改造,设计出新颖服装,促进中国时尚的国际化传播。本届展览中,诸多优秀作品立足中华优秀传统文化,对传统造物艺术设计进行提炼升华,全方位地推进衣、食、住、行、用、艺等方面的艺术设计创作,以此滋养当代中国人的生活。如与日常生活密切相关的器用设计方面,获奖提名作品《"合礼之器"——大漆饮食具设计》(常瑞红、李晓梅),以传统大漆为材质,针对现代家庭结构和饮食习惯设计,不仅倡导健康、环保、节俭的用餐理念,而且体现了传统家庭观念和礼仪文化。作品《和合如意——大漆笸箩》(唐家路),突出生活功能,对工艺美术远离生活走向纯艺术做出反思。

艺术设计续写匠心文脉,体现的是中国设计的文化品格和文化创造力。比如,作品《丝路佛光》(汪田明、丁瑰丽)、《敦煌悠纪》(刘君),以鲜明的造型符号、色彩提炼、工艺材质,直观生动而凝练深刻地体现了民族文化精神,体现了设计的价值追求和文化传播特色。获奖提名作品《"千荷泻露"北关大道跨北运河桥梁设计》(王国彬、王珑),桥的造型多曲面犹如片片荷叶,展现了在"交通性"的刚性之桥上,诗意地栖居着"艺术性"的柔性之桥,设计上通过导入"友好型"环境策略,以一"桥"激起千层浪波及整个区域环境,充分体现新时代"城景""河景""桥景"三景友好的、"天人合一"的中国环境艺术设计思想。还有在重要的文化遗址和遗存保护方面,获奖提名的建筑艺术设计作品《青龙山国家地质公园恐龙蛋博物馆》(李保峰),受现象学理论启发,从遗址呈现的特殊问题出发,遵从注重场所特性、适应地域气候、保留历史记忆、采用适宜技术等设计原则,结合利用竹跳板、旧瓦和双层百叶实现通风阻光目标、将超长体量化整为零等设计手法,使得遗址博物馆紧密而必然地锚固于遗址之上,达到了良好的保护目标和设计效果。

古往今来,中华民族在长期实践中培育和形成了独特的思想文化,中华传统造物体系与造型体系中蕴含我们民族的生活艺术和文化创造精神。只有深刻领会了本民族的传统文化精神,才可能形成兼容并蓄的文化视野,才可能创作出具有生命力的优秀作品。本届展览在建筑、工艺以及服装等门类的设计中,很多创作者已经不满足实现事物的演进和造物过程的"工具性",而是主动挖掘隐藏在"工具性"背后的"意义"或通过"工具性"的手段,去实现个体与群体的文化归属,包括通过对传统优秀文化的传承、活化与设计应用,引领大众追求艺术与自然之美,进而获得道德感、内在和谐、社会承认以及心灵自由等终极文化价值。本届艺术设计作品在创作上更注重传统本体价值和文化引领,很多优秀设计作品广泛汲取优秀传统文化资源,传承民族民间不息的造物文脉和造物思想,蕴含心手相传的情感温度和文化习俗,已成为文化资源转化和文化价值观传播的重要载体,对于阐释中国精神、中国价值、中国力量发挥了积极作用。

四、艺术设计的创新发展

新时代,我国艺术设计注重对人文历史、民族文化的理解、吸收和创新转化,突出设计与社会及业态的融合关系,强调手工对环境、消费品位以及生活关系的把握和引领,注重挖掘艺术设计在维护公共利益以及解决生态环境和持续发展等方面所起的关键作用等,体现了富有原创性、艺术性和应用性的创新创造价值。

在传统文化资源的创造性转化与创新性发展方面,许多优秀设计致力发掘表现优秀文化传统的核心精神与品质,与当代社会生活产生共鸣。如第十三届全国美展艺术设计作品展获奖提名作品《筑影望境》(韩熙),从民族文化的审美特质出发,以理性主义的方式探索玻璃艺术本体语言中"结构"与"空间"的价值属性,实现跨越历史轨迹的时空追溯和精神展望。表现艰苦奋斗、自强不息的中华美德,获奖提名作品《铸梦》(徐强),艺术语言表现创新,由近 200 位在抗洪第一线进行战斗的解放军战士形象为主题组成,抗洪战士的奋战场面组成了山脉的形状,象征着抗洪精神力量如山,最高点的战士举起的大锤犹如灯塔一般照亮了周围,象征着抗洪精神鼓舞人心、催人奋进的创作理念。可以看出,新时代的艺术设计正是应结合新的时代条件下的创新发展,传承和弘扬中华文化精神,熔铸中国设计风格。

在技术与业态创新发展方面,设计融会科学与艺术,联通生产与消费,已不只是技术成果的物化,更加关切发展、关注生态、承担使命,成为科技的开掘者和生活方式的构建者。例如,第十三届全国美展艺术设计作品展获奖提名作品《"飞跃号"磁悬浮列车概念设计》(张烈、孔翠婷)和进京展览作品《逐梦九天——"嫦娥6号"载人月球车概念设计》(蒋金辰、杨承颖、刘萧、陈华、倪涛、冷雪、田园),彰显了艺术设计服务的自主创新能力,走在世界前列、勇创世界一流的国家形象。特别是"飞跃号"磁悬浮列车概念设计,采用简洁有力的包裹式车身设计,体现安全、高效的性能,流动的线条和跨越的姿态,展现出中国轨道交通事业的发展优势,也是对未来高品质出行设计方案的创新探索。工业设计领域的诸多艺术设计作品,都展现了在通往未来道路上行稳致远、追求卓越的品格,不仅注重凝练蕴含民族文化传统的符号意象,构建具有中国特色的设计话语体系,更与科学技术革新紧密结合,展现了新时代的中国设计风貌。

应该说,我们的全国性艺术设计展览更加突出艺术创新的原生性、持续性、引领性和个体性。从设计理念和趋势上看,当前以及未来,关于创新发展问题,艺术设计与创作还将进一步关

注：如何将艺术设计纳入国家创新体系中审视全国美展的价值定位？如何将艺术设计融入公共服务和公众生活中，使其逐渐成为与科技创新、社会创新以及文化创新共存的关键资源？设计如何在全球文化涵化与濡化过程中传承本土价值，讲好中国故事，传播中国美学？作为全国美展艺术设计作品主要创新来源，高等艺术设计教育如何响应时代要求，维护和推动艺术创新的原生性、持续性、引领性和个性？这些都是我们当下和未来值得思考的现实问题。

纵观第十届全国美展艺术设计展可以看出，在党的文艺方针指引下，艺术设计呈现出新气象，创作具有新特点，内容充满新动力。广大艺术设计者以高度的社会责任感、深沉的家国情怀和高远的理想追求开展创意和实践，在汲取中华优秀传统文化、扎根人民生活、融会时代精神方面取得了积极成果，从设计的认知观念和创新语境上都发生了明显改变，尤其在文化价值判断、服务导向等诸多方面，展示出新时代中国设计观念的新趋向。整体上看，将"人民对美好生活的向往体现社会发展进步的最高价值目标"与"社会发展进步是实现人民美好生活向往的现实途径"之间的逻辑关系进行哲学思考与实践，是处在全方位转型期中国设计观念转圜嬗变最生动的写照。这些优秀的设计作品是时代培育的成果，是社会进步发展的表征，也将回馈人民群众的生活，发挥实实在在的作用。

（原载《美术》2019 年第 10 期）

论防疫设计

——以"生命重于泰山"防疫主题创作为例

己亥岁末庚子初春,新冠肺炎疫情突然袭来,全国打响了防控阻击疫情的人民战争。"生命重于泰山,疫情就是命令,防控就是责任",山东工艺美术学院坚决贯彻落实党中央部署,坚持"为人民而设计"的办学理念,第一时间成立了"阻击新型冠状病毒感染的肺炎疫情"主题创作工作机构,开展"生命重于泰山——紧紧依靠人民群众坚决打赢疫情防控阻击战"主题创作活动,旨在宣传政策精神,普及防疫知识,歌颂先进事迹,鼓舞防疫斗志,消除精神恐慌,传播防控阻击疫情的正能量,充分发挥艺术教育服务防控疫情的特殊作用。如果说一个人的力量是有限的,那么千万人之力汇聚起来,就能战胜一切艰难险阻!广大艺术专业的师生,虽非"逆行"的勇士,但心之所系、情为所牵;艺术也许无法改变病疫,但艺术可以改变我们面对疫情的态度。行使命,尽职责,有一分光就发一分光,有一分热就发一分热,尽自己最大努力为国家为社会分忧解难,努力铸造疫情防控的精神防线。应该说,愈是非常时刻,愈懂得珍惜,也更理解使命,更加积极自律和团结协作,借艺术之笔传递昂扬向上的精神力量,助力打赢这场不能输的战斗!

一、非同寻常的主题创作

这次主题创作不同以往,不仅要发挥好宣传画创作的政治功能、教育功能和传播功能,更要科学严谨,讲政治讲时效,要在关键时刻有使命担当,实实在在发挥文艺工作者的作用。战疫情,主题创作不能只凭热情,还要精心组织,政治站位要高,创作水准要高;不能只求艺术表现,要把科学的防疫知识表达准确;不能在象牙塔里曲高和寡,要学习运用人民大众的艺术语言,把话说到心坎上;要通过不同专业的艺术与设计,使医学防护知识更直观,使疫情防控信息更明了,使真正鼓舞和支持我们战胜疫情的高贵品质、精神力量得到进一步传播和弘扬。所以,我们进行了统一部署,以中央和省委关于疫情防控的工作精神为指导,制定了详细的工作方案。

在主题内容上,号召广大师生心系家国命运、回应社会关切,积极宣传科学防疫知识,服务引导公众正确认识疫情、科学开展防护,服务促进科学防治;积极宣传党的有关决策部署,服务促进政策信息传达;积极宣传人民群众在党中央领导下万众一心、众志成城防控阻击疫情的感人事迹,讴歌真英雄,传播正能量,坚定信心,振奋精神,营造积极向上的舆论生态。在体裁样式上,分为宣传画、动画、漫画、插画、新媒体艺术、表情包、应急防护产品设计、交互设计、防护服装设计、隔离建筑设计与中国画、雕塑等类别,组建了若干个主题创作小组围绕重点组织创作。

在创作机制上,寒假期间主要通过"假期课堂"的方式进行专业指导和创作,复课后融入网络教学,将主题创作作为重要的教学任务。师生通过远程连线交流、视频讨论及时进行信息沟通和指导,把握重点,凝练主题,开展创作并不断进行修改和完善。为保证创作质量,学校组建了专门工作群和信息采集信息库,时刻关注疫情变化,使师生及时学习中央有关指示精神,了解主流媒体关于重点事件的新闻报道等一线素材,在具体创作中切实抓重点、抓关键,有的放矢。我们设立了校院两级假期课堂主题创作成果评审委员会,层层遴选优秀作品,确保作品的政治性、科学性和艺术水准。

在发布机制上,为保证作品的时效性和传播性,学校采用边创作、边审核、边发布的工作程序,每天经学校官方网站、微信公众号等平台发布优秀作品。从1月30日发布首批作品,截至3月10日,学校官方网站、微信平台已每天连续发布60多期创作专题,其间涌现了3000余件优秀作品,实时报道点评创作进展,充分发挥服务科学防治疫情、构建积极舆论氛围的大学服务作用。相关作品产生了积极反响,人民日报社、新华社、"学习强国"等媒体平台纷纷转发,这是社会各界的共鸣与认可,也使我们更加坚定"为人民而设计"的职责和使命。

二、防疫宣传的"轻骑兵"

2月3日,习近平总书记主持中共中央政治局常务委员会会议,就疫情防控期间的宣传教育和舆论引导工作明确强调:"统筹网上网下、国内国际、大事小事,更好强信心、暖人心、聚民心。"这是我们主题创作的指导和遵循。

艺术战"疫",防护宣传是首要主题,宣传画的主题明确,内容清晰,创作高效,能够精准传达,生动鼓舞,是动员传导的"轻骑兵"。我们要在科学严谨的基础上,通过主题创作,把病毒的传播机理、致病危害、防控办法画清楚、讲明白,做到直观清晰、富有冲击力,发挥打动人、影响人的作用,服务人们对于科学知识和防护常识的理解认知,在"读图时代"发挥图像设计的穿透力,让防护意识更深刻、更牢固。比如《教您防疫小常识》绘本等一系列宣传画图文并茂、言简意赅地阐释"典型症状""就医指南""如何预防",对专家和医务工作者反复呼吁、各级政府反复宣传的防护知识和要求以生动的形式加以表现,进一步增强人们的自我防护意识,加深对健康理念和防护方法的了解,促进公众保持积极平和的心态,坚定战胜疫情的信心。同时,主题宣传画聚焦防控重点,宣传政策部署,及时就新颁布的山东疫情防控法进行普及宣传。相关作品在全面梳理防控法全文的基础上,提炼关键词,突出主题句,辅以图示,使内容图示化、可视化,适应移动终端的接收与传播方式,从而更好地宣传、普及、贯彻和落实。

为了保证防疫宣传效果,主题创作面向移动终端的传播与接收方式,形成了一系列动画、微信表情包、微视频、短视频、手机交互作品。比如,依据钟南山院士形象和防疫知识设计的微信表情包《钟老说》、用孔子卡通形象创作的微信表情包《防疫三字经》,以深入人心的形象、朗朗上口的语言宣传防控疫情的健康理念。大道至简,正是把防疫的规范和道理用最朴素的话,用最活泼、最亲切的形式加以表达和传播,一经推出就广为转发,产生共鸣、形成影响,使人们把防控阻击疫情的好理念、好方法、好习惯看在眼里,记在心上,付诸行动,从日常工作生活的点滴做起,为战胜疫情贡献力量。在这次许多"90后""00后"师生参与的主题创作中,还形成了一系列网络视频、MG动画、微动画(动态宣传画)等防疫宣传作品,这些作品结合了专业技术、艺术表现力与主题内容,发挥了积极的宣传作用。

应该说,防疫主题创作也是一种遵循科学精神的人文关怀。《能赢》《万众一心战疫必胜》《出征战"疫"》《信心》等作品,温暖而有力,言有尽而意无穷,被《人民日报》等重要媒体发表,产生共鸣和积极反响。这次主题宣传画创作也充分关注儿童群体对病毒和疫情的认知,考虑到既要避免孩子们对病毒和疫情的过分恐惧,也要使之充分认识并重视防护,学校师生创作了《病毒病毒,我不怕》等绘本及相关主题的手工课程。以温暖的色彩、卡通的形象编织起一张防护之网,使孩子们通过生动的图像和语言了解医学知识,建立健康理念,懂得尊重自然和保护动物,潜移默化地构建起自然、生命、生活的认知坐标,通过手工课程的绘本制作,使孩子们理解生命与健康的可贵,懂得珍惜,学会呵护,保持热爱,拥有更美好的生活。

艺术服务防疫,包含对艺术与科学关系的认识与构建。这既是人类社会文明演进的恒久主题,也是当代艺术与设计教育、人才培养的一个关键。全体师生以艺术力量投入防疫的实践也证明,要使艺术在社会进步与发展中更好地发挥作用,也需要在创作实践、学科协作、人才培养等方面进一步构建发挥艺术与科学的协同作用。

三、美术战"疫"的力与美

习近平总书记强调:"精神是一个民族赖以长久生存的灵魂,唯有精神上达到一定的高度,这个民族才能在历史的洪流中屹立不倒、奋勇向前。"新冠肺炎疫情发生以来,14亿中国人民团结一心,众志成城,诠释了凝聚中华民族磅礴伟力的伟大精神。广大医务工作者义无反顾、日夜奋战,人民解放军指战员闻令而动、敢打硬仗,广大人民群众众志成城、守望相助,广大公安民警、疾控工作人员、社区工作人员等坚守岗位、日夜值守,广大新闻工作者不畏艰险、深入一线,广大志愿者真诚奉献、不辞辛劳。联防联控机制作用充分发挥,各项防控措施有力有序开展。火神山、雷神山医院工地争分夺秒,展示出强劲的"中国速度"和中国人民的奋斗精神。我们的主题创作就是要聚焦、再现和诠释这样的精神力量。我们要纪录和表现那些逆行的勇士、奋战的英雄,他们或许就是平凡岗位上的家人亲朋,可敬可亲。我们要

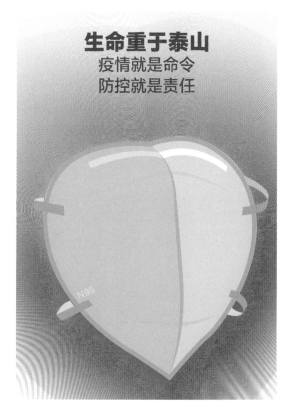

招贴设计《生命重于泰山》 潘鲁生 2020 年

聚焦和再现那倾力抢救、悉心照料的每一个时刻,那摘下口罩医生与患者送别相见的一幕,还有医护人员与八十七岁高龄的患者共沐斜阳的一刻,纪录和表现真与美、爱与善,再现无畏的使命担当和崇高的精神力量,表达我们的由衷的感动与敬意。正是这些平凡而伟大的人们坚守专业使命,不计个人安危,用生命呵护生命,以团结驱散寒冰,构筑起守护人民群众的健康防线,带来温暖和感动,带来无限的希望和信心,并将激励人们坚毅持守、慷慨趋赴,以坚强意志、必胜决心去战"疫"。这就是我们要以艺术去记录和表现的民族的精神图谱和崇高境界。

在主题创作中,既有雕塑《钟南山像》、宣传画《坚决打赢》《战武汉》等激情澎湃的鼓劲之作,坚定必胜的信心、增强直面病疫的勇气;也有《逆风奔跑》《救护车调度员的一天》等温暖细腻的生活记录,描绘身边"平民英雄"、凡人善举的插画,有温度,有期待,在特殊的时刻里给人以慰藉。无情的病疫使人们更懂健康之可贵、生活之可爱,围绕防疫抗"疫"展开的主题创作,也愈发凸显了艺术于生活的意义,于可观可感之间,而有对哲理的沉思、对崇高的追求、对美好情感的维系与慰藉,这就是艺术最朴素的价值。而且随着创作不断深入,创作的笔触更细,生活的体察更深,广大师生用画笔记录善意与感动,凝练身边的点点滴滴,将这场防控阻击疫情战斗中诚信、道德、择善、利他的高尚品格、精神力量、人间正气化作了可见可感的形象,表达真情,表现境界,诠释意义和价值,形成了设计的颂扬与铭记,成为常留心间的感动。不少作品记录抗"疫"过程的点点滴滴,艺术让美好定格,描绘了病疫阴霾中闪光的形象和精神,平静里孕育着希望,瞬间中包含长久的感动。许多作品刻画心系民生安危的奋斗者,表现山东风雨同舟千里驰援,还有的以连环画的形式全景式记录这场无声战役中平凡岗位上不凡的英雄们,多亮色、多暖意,细腻而充满回味。这些逆风而行的普通人、芸芸众生,这些平凡人的坚强与美好,更是我们国家和民族积极向上的希望。如果说艺术作品传递的是一种精神力量,那么应当在病疫阴霾中带来美好的抚慰,应当在艰难险阻中表现坚守与追求的熠熠生辉,表现逆风而行的光明和希望,表现战胜病疫、融雪化冰的满腔热忱。大学生们的作品充满青春的朝气,是抗击疫情新生代的心态和视野。随着疫情防控的积极推进,不少作品关注复工复产,表现开工复工的新形势,记录疫情防控下的趣闻趣事,乐观积极,充满活力。

艺术并非生活的修饰,设计也绝不仅仅是消费的驱动,更是对伦理问题的探索和求解,是对生活点滴的记录与升华,是对最崇高美好道德的传递。在主题创作中,这样的艺术本质与设计内涵格外突出。主题创作中涌现了一系列精彩深刻的漫画作品,《"唬唬"生威》《"洞"穿》等作品似匕首,如投枪,与阻碍影响防疫形势的现象行为做斗争,反思野味之殇,抨击谬误行为,《居家防疫系列漫画》等作品像抒情小曲于诙谐幽默、夸张讽刺之间化解了疫情中的惶恐焦虑,增添了乐观与热情,从而筑牢心理防线,保持积极状态,科学客观地去面对,最大程度凝心聚力打赢疫情防控这场硬仗。这些漫画作品产生了积极反响,人们因漫画而反观自己,诙谐一笑却有了更深的认识和更真的体悟。随着创作的深入推进,《方舱医院病房单元模块设计》《致敬武汉》

等建筑、手工艺的设计作品也相继完成,表达防疫、战"疫"主题,以不同的艺术语言,凝练表现防控阻击疫情过程中感人的瞬间、英雄的群像、美好生活的意象和民族精神的象征,有具象的情景,也有抽象的象征,借由艺术的语言和意象带来感动、沉思和希望。可以说,这一系列具有深厚传统根基的艺术与设计,绝不是过往模式的复刻,还富有时代的精神,与今天的生活共鸣。这也是艺术与设计创作的探索。若如果病毒使我们关上了一扇门,愿艺术打开另一扇窗,以情感、思想的光亮,相互守望,紧密团结,共同奋战。"桃李不言随雨意,亦知终是有晴时",疫情终将过去,我们共建美好家园。

四、设计致力转"危"为"机"

在这次防疫主题创作活动中,贯彻我们"为人民而设计"的办学理念,同时间赛跑,与病毒较量,艺术设计当有所为。由此不仅形成了一大批不同主题内容和媒介形式的设计作品,而且形成了一系列服务防控阻击疫情的产品设计和服装设计。

在防疫有关的产品设计中,工业设计专业的师生形成了《可替换滤芯模块口罩》《隔离伞》《社区分发防疫包》《社区防疫产品回收箱》《智能检测救援背心》《多功能医用配送机器人》以及《楼宇公共空间消毒设施》《公厕卫生用品消毒设施》《家用口罩消毒设备》《家居物品消毒设备》《家用防疫医药箱》《把手消毒机》《口罩更换提醒贴纸》《防疫用触屏挂件》等一系列产品设计。主要依据医学防护原理,结合生活日用需要,致力探索解决防疫过程中的产品设计问题,将功能与需求紧密结合,将防控化于日常细节,借由"物"的设计完善实现对"人"的呵护与关怀,从而更好地防控疫情、阻击疫情,不让病疫阻断心与心的距离。在这个过程里,对生命健康的呵护和生活核心价值的追求也成为设计的根本。

在防护隔离服装设计中,有感于医护人员被口罩勒到破皮的脸颊、被汗水浸透的衣服,服装设计的师生团队以隔离防护的功能性为主导,兼顾医护工作以及诊疗康复过程中的舒适与实用,并结合人体工学、设计美学对一些细节进行了优化与完善,形成了《医用防护服》《普通民用隔离服》两大系列服装设计。可以说,虽然设计专业领域不同,但服务防疫的目标相同、斗志相同、心意相同,艺术设计服务防疫抗"疫",践行的是共同的社会责任和大学使命。

在交互产品设计中,聚焦疫情防控所需,加强学研攻关,致力以信息发展的新技术、新模式为防控阻击疫情提供设计服务,平顺有序战胜疫情。如《防疫小助手》是依据防疫相关信息需求设计的一款交互产品,集成了防疫用品推荐、口罩真伪鉴别、防疫知识普及、爱心捐助通道等一系列智能模块,以期更灵活高效地为防控疫情提供所需的信息交流和互动。《新冠肺炎自查通》作为自助查询评测分析的交互软件,主要针对不能判断自己是否感染、对基本常识有所欠缺以及网上资料信息相对杂乱的情况设计,在科学地自查自诊基础上,缓解恐慌焦虑或进一步提供合理的就诊建议。科技也是人类面对病毒时所具有的勇气和希望。以信息技术为基础,让设计更有温度,立足专业特点,为战胜疫病提供科技支撑。

为求解问题提供更有效的方案，是设计专业的本分，也是设计专业的责任与使命。守护健康的生活状态，依据流行病学防治原理，将人工智能等技术运用到防疫、消毒产品设计中，多维度打造智慧防疫解决方案，以科学、精准的研发设计助力防疫，共同构筑生命健康的屏障，是当前以及今后工业设计要持续关注的命题。我们必将战胜病疫的灾难，但设计服务民生需求、服务公共卫生事业永远在路上。也希望优质的工业设计助力产业升级，希望正在经受疫情考验的企业、产业以设计创新为驱动力，转"危"为"机"，实现坚实地发展。

五、服务社会的人生教育

大学使命在教育，山东工艺美术学院是一所艺术设计专业院校，建校以来致力坚守工艺美术文脉，不断探索"中国设计"内涵，时刻关注社会的人才需求，践行"为人民而设计"的大学理想。这次疫情防控是一堂厚重隽永的爱国主义教育大课，使广大师生深刻认识党和政府抗击疫情的精准施策与力度决心，感受全国一盘棋、命运共同体的众志成城与意志信心。主题创作更是一次立足专业展开的人生教育，通过关注疫情动态，把握宣传需要，广大学生在创作中学习、在学习中创作，更深刻地体会到什么是使命、如何去担当、怎样去奉献。同学们结合自身的专业学习，参与抗"疫"主题创作，关注特殊时期之所需，形成了一系列不同视角、不同内容、共同主题的宣传画作品,持续普及防护知识,跟进宣传政策部署,聚焦表现感人事迹,表现战胜疫情的信心与希望,践行艺术与设计的使命,为这场疫情防控的人民战争贡献自己的一份力量。

在以习近平总书记为核心的党中央的坚强领导下,这场疫情防控人民战争,对于高校学子来说,就是一场深刻的生命教育、科学教育和信念教育、使命教育。同学们在这场抗击疫情的战斗中,关注社会,珍惜生活,认识生命,懂得职责和使命。不少同学服务社区,主动担当,成为"防疫"志愿者,哪怕是搬东西、干杂活,以实际行动致敬英雄,以志愿担当给自己一份成长的答卷。也正是在这样一点一滴扎扎实实的实践中,锤炼了意志,拓展了视野,从实践中来的主题创作作品更有温度,更有厚度,更有力量。上好这堂爱党和爱国主义教育的大课,还将进一步树立和深化正确的世界观、人生观和价值观,指导主题创作,指引人生之路。

这次主题创作,是安危之际的主动践行,是社会大考中的专业求索,难忘大年初三主题创作的倡议一经发出,广大师生最迅速地响应,第一时间在全国启动创作;难忘防疫战"疫"最紧张焦灼的时刻,师生们不分昼夜倾力投入,第一时间为崇高坚毅的正能量鼓与呼;难忘师生们时刻关注防疫战"疫"一线,聚焦各项重点工作,哪里有需要艺术之力就投入哪里,第一时间响应发表复工复产的主题宣传画。艺术养心,文化育人,很多难忘与感动来自共同的使命、信念和责任。作为艺术与设计的专业院校,山东工艺美术学院就是要以设计服务民生,就是要不断提升设计服务民生的实践能力,葆有与大众文艺息息相通的创作热情和乐观向上的创作精神,实现服务国家和人民的更深、更远的追求。我们要鼓励青年设计师涵养家国情怀,强化政治素养,践行艺术使命,积极发挥艺术创作在政治、教育、传播等方面的服务功能,从专业出发,践行使命、服务社会。我们要有"位卑未敢忘忧国"的责任意识,多一份光和热,多一份善与美,多一份力与行,多一份昂扬与顽强,汇聚而成我们民族的磅礴伟力,战胜艰难,迎接胜利。疫情必将被战胜,教育之路向远方,有责任,有担当,教育才有意义。

此时此刻,春回大地,万物复苏。全国各地在防控疫情的同时开始紧锣密鼓地备战春耕春播、复工复产。"行则将至,做则必成",在以习近平总书记为核心的党中央坚强领导下,疫情防控工作有力有序推进,全国上下凝聚起同舟共济、众志成城、共克时艰的强大力量。我们相信,在党中央的领导下,全国人民坚定信心,同舟共济,科学防治,精准施策,必将取得阻击疫情的最后胜利!设计服务社会,艺术服务生活,共担风雨,共沐春光,我们一直在路上。

(原载《山东社会科学》2020 年第 4 期)

"为人民而设计"的教育实践

——山东工艺美术学院艺术与设计作品展前言

党的十九大指出,坚定文化自信,繁荣发展社会主义文艺,必须坚持以人民为中心的创作导向。多年来,在"社会主义核心价值观主题创作活动"的探索中,在服务文创产业发展和服务民生的过程中,在积极探索设计艺术教育的办学实践中,我们一直以此为遵循,实现大学的办学宗旨——"为人民而设计"。

以人民为中心,是艺术创作的核心和灵魂;为人民而设计,是设计教育的使命和方向。在山东工艺美术学院建校45周年之际,举办此次"为人民而设计"——山东工艺美术学院艺术与设计作品展,是学校积极培育和践行社会主义核心价值观,深入对接国家发展战略,服务民生的一次在教学实践、科研创作、社会服务和人才培养方面成果的集中展示。

此次主题展以服装、装扮设计展演拉开展览序幕。展览主要由三大板块组成:践行社会主义核心价值观主题创作展、"和合之美"为上合而设计特展、"爱校如家"山东工艺美术学院建校45周年展。展览作品集中在文化创意产业和民生需求相关的设计行业领域，努力通过推动社会主义核心价值观进入百姓生活，"彰显信仰之美、崇高之美，弘扬中国精神、凝聚中国力量"。

立德树人，以德为先。多年以来，学校致力于将党的教育方针和社会主义核心价值观融入创作，并深化研究阐释和宣传，推进社会主义核心价值观进教材、进课堂。同时引导师生围绕主题，深入生活、深入研究、深入创作，在思想和行动有遵循有引领的基础上，运用生动的艺术语言、丰富的设计形态和新颖多元的媒介载体，以"为人民而设计"的创作实践，对社会主义核心价值观的文化内涵以及落实践行的方法路径进行视觉诠释和表达；同时为创作设计注入思想动力，从而形成践行社会主义核心价值观主题宣传招贴、数字影像、美术作品等系列艺术作品。

自建校以来，学校坚守文化传承的使命担当，服务国家经济社会文化发展。特别是近十年来，学校主持完成2008年北京奥运会海报设计、2009年十一届全运会视觉景观设计、2010年上海世博会山东馆设计运营任务等重大社会服务项目。2018年6月，根据中央的指示精神，按照省委省政府的总体部署，山东工艺美术学院承担并圆满完成"上合青岛峰会"艺术创意设计的重大任务，包括国礼、国宴用品、视觉形象系统、艺术品与陈设、服装等五大领域，充分体现了学校的学科建设水平和专业服务能力。山东省委、省政府对峰会的服务保障工作进行了表扬奖励，我校荣获"先进集体"称号，共有17名师生获得表扬奖励。服务"上合青岛峰会"创造了学校服务社会的新高度，也成为我校"为人民而设计"新的里程碑。

2019年是山东工艺美术学院建校45周年,学校以"爱校如家"为主题,组织了一系列学术活动,总结办学经验、推动内涵建设,凝聚师生校友,共同服务国家发展战略和省委省政府重大部署。一直以来,学校坚持"天工开物,匠心独运"的校训精神,坚持"艺术服务社会、设计引领生活"的办学理念,坚守传统工艺造物和传统美术造型文脉,坚持优秀传统文化的创造性转换、创新性发展,不断完善优化"创新与实践教学体系",培养具备"科学精神、人文素养、艺术创新、技术能力"的优秀设计艺术人才。"为人民而设计"系列展汇集的师生校友作品,不仅有关注城市、关注时尚、关注前沿的创作,更有关注乡村、关注扶贫、关注民生的设计。广大师生和校友坚持创作植根生活、设计服务民生,用优秀的创意设计服务乡村、服务基层群众、服务社会发展。

"为人民而设计"系列展,既是山东工艺美术学院的学科专业水平、人才培养质量和社会服务能力的集中展示,更是一次大学精神的时代宣言。在45年设计教育历程的新起点上,我们将继续秉持"为人民而设计"的理念,不断开展艺术创作的积累,不断进行美的发现和创造,力争创作出更多思想精深、艺术精湛、制作精良的精品力作,充分发挥文艺春风化雨、鼓舞人心的作用,为国家经济社会文化的繁荣和设计艺术教育事业的发展贡献我们的一份力量。

(原载《山东工艺美术学院学报》2019年第1期)

谈上海世博会的设计启示

　　世博会是科技文化的盛会,是设计的博览会——全方位展示设计成果,探索设计方向,既是一定时期科学、文化、艺术发展成果的集成,也是未来发展方向的前瞻和探索,集中体现了设计对生产力的诠释和对生活方式的引领。因此,回顾世博会设计的演进历程,梳理2010年上海世博会的展示内容和语言,探讨其中的设计启示,有助于在历史视野和当前案例中,进一步把握世博会的设计,形成关于宏观发展理念、设计演进线索以及未来发展方向更加全面、集中的理解和体认。事实上,社会发展,时代变迁,设计本身早已超越了产业流程中具体环节的作用,承担起促进生态和谐、文化繁荣、经济转型、生活幸福等更加广泛而深远的作用。这是历届世博会呈现的趋势,也是2010年上海世博会集中展示的内容,当我们进一步思考"为什么设计、设计什么、如何设计"这些最基本的问题时,也将获得关于设计战略、设计理念、设计管理模式等更加深入而具体的启示。

一、世博会设计的演进历程

众所周知,首届世博会诞生于工业革命背景下,是在社会生产力提高、科学技术进步、交通工具发展、国际普遍交往日趋频繁的基础上形成的文化交流盛会,相对于传统意义上商品交换的庙会,更具有纯粹的科技、文化交流意义。随着网络信息技术的发展,世博会仍以实体形式存在而非为虚拟的信息交流取代,就在于真实场域中有形、无形的碰撞与融合、互动和共鸣能够发挥切实的影响力,无论是带动一方经济、推广某项技术、促进国家之间的对话和交流,还是激发艺术思潮、推动教育革新、优化生活方式,所谓"一切始于世博会"正是一种标杆作用,涉及的理念与实践、科学与艺术、政治和经济、启迪心智的教育和具体的生活方式,各项元素中"设计"是最重要的融合剂。"设计"集中表达了互动共鸣的思想理念,也往往作为行为模式、作用机制发挥着持续的影响力。

在世博会设计的起始阶段,凸显的主要是"工业化"趋势和与之相伴的手工艺思潮。1851年伦敦世博会,在展出工业产品、展示工业实力、定名为"万国工业设计博览会"的同时,也展出了诸多手工艺展品。在机器成为风格的塑造者,技术成为新材料、新工艺、新产品直接来源的同时,也由于机器生产处于初级状态,产品外形较为粗糙,反而促使怀旧、复古情绪增长,形成了现代设计史上著名的"艺术与手工艺运动"以及现代设计早期的装饰风格。但工业革命仍以不可阻挡之势加速推动了手工业社会向工业化社会的转型,社会形态和生活方式发生重大改变,以英国"水晶宫"为代表的建筑构件机器化、标准化生产模式,以及美国诸届世博会标举工业化价值观,更大程度上体现了工业化对设计的主导作用。应该说,这一时期,设计很大程度上是技术的附庸,具有领先意义的工业产品是对技术的开发、应用和表达,设计的目标主要取决于工业发展的目标,设计的运作管理也主要是与产业流程相应的模式和机制,因此这个阶段可以称为世博会设计的"工业化"阶段。

随着工业技术日趋成熟,世博会的设计逐渐超越对技术本身的关注,更加重视市场和消费,关注产品的商业价值。尤其以20世纪二三十年代美国世博会的展示为代表,突出体现了设计的实用主义色彩,不仅以标准化设计和生产模式创造符合人们需要的产品,而且使设计真正演化为刺激和引导消费的行为。正如这一时期的旧金山世博会上,福特汽车生产线作为展项进行展示并吸引参观者试驾。从关注实用到全面刺激消费,设计更大程度上与商业价值相联系,设计的理念、目标、实践更具有商业色彩。同时,注重艺术与审美也成为设计的新趋势,随之兴起的"新艺术"运动、"装饰艺术"风格即具有融合艺术与技术的特点,而且在世博会展示推广的过程中,影响波及欧洲、北美诸多国家。如果说从"工业化"设计到"商业化"设计,是机器大生产、商品经济发展的必然结果,那么对于艺术性的关注就是现代设计发展进程中新的向度。这一阶段也可以称为世博会设计的"商业化"与"艺术化"阶段。

　　当然,社会发展与文明进步往往也伴随着相应的代价,工业化、商业化在提升生产力、使生活更便捷的同时,也引发环境污染、能源危机,加剧了生物多样性丧失等生态问题。同时,机械化的生产和生活节奏导致人文精神缺失,所谓"异化""单向度的人"即揭示了发展本身存在的问题。因此,从20世纪六七十年代开始,"设计伦理""生态设计"等问题开始受到关注,尤其20世纪末以来,世博会的设计词典中,一切都让位于一个新的宣言——"经济的发展必须经得起最细致的生态学考虑"。世博会的设计进入"可持续化"探索阶段。也是在这个阶段,包括当下,设计有了自主的战略理念,不再是工业技术、商业价值的追随者,而成为求解社会问题重要的着眼点。关于如何在设计中实现节能、环保、增进人与自然的和谐,如何通过设计促进文化的和谐共生、推动文化的进步与繁荣,如何通过设计优化生活方式,在减少付出和消耗的同时获得更多的幸福,成为设计本身的意义和价值。因此,2010年上海世博会在城市主题探讨中,设计这一更为本质、更具有影响力的内涵也得到了充分的发掘和演绎。

　　总体上说,世博会的设计从注重人对自然的征服转向强调人与自然和谐相处,从强调竞争转向注重交流,就此呈现了社会诸多领域的变迁和发展,这也是集中关注当前上海世博会的意义所在。

二、2010年上海世博会的设计展示

　　2010年上海世博会以城市发展为主题,将城市作为兼收并

蓄、开放多元的文化载体,探讨文化融合、经济繁荣、科技创新、社区重塑以及城乡互动等问题。围绕这一主题,各国家馆、地区馆、案例馆等进行了深入阐释和形象化表达。从时间向度看,设计展示主要包含三方面内容,即发掘传统文化智慧,求解城市发展问题,以美好生活为目标,探讨现实举措,探索可持续的未来,展示和谐发展理念。可以说,设计就此发挥了文化传承与创新的作用,同时也体现出反思和引领的力度。

首先,由中国国家馆和省区市联合馆形成的中国展示群,集中体现了对传统智慧的重视,展馆的建筑和展品展项设计,充分发掘传统文化元素,运用传统文化符号,阐释经典文化思想,从形式到内涵甚至可以称为中国展示设计领域一次自觉的"寻根之旅"。不仅因为中国有着悠久的历史文化传统,也不只因为本土举办的世博会有更加充分的机会展示文化成果,而是我们这个有着数千年农耕文明积淀的国家,求解现实的城市发展问题不能脱离根脉创新或者简单复制模仿,必须回溯传统智慧,汲取有益元素,真正把握本民族文化心理的深层需要,寻找最切实的发展方案。

因此可以看到,中国国家馆的展示主题是"城市发展中的中华智慧",展馆营造运用了传统建筑中斗拱作卯穿插的结构,形如冠盖,层叠出挑,成为建筑形态的文化表达,展示内容也以"寻觅"为主线,由绵延的"智慧之旅"引导参观者走向未来。与之相应,地方展馆的展示也注重回溯历史、贯通文脉,充分演绎地域文化。例如,山东馆以"齐鲁青未了"为主题,以艺术装置"鲁班锁"演绎鲁班智慧,与国家馆之"斗拱"造型相呼应,阐释了中国传统的营造智慧，同时，孔子像代表中华文化中行之久远、润泽甚广的儒家思想，形成了新的时代背景下对于传统文化的解读和关于未来发展的启示。应该说，这一系列展示设计更大程度上是对民族文化、地域文化的重新认识和阐释，是在发掘积极向上的文化内核，寻找沟通历史与未来的能量源泉。文化的发展有脉可承，也只有真正把握民族的思维方式、审美理想、价值标准，认清和充实自己，才能形成具有民族风格和民族气派的设计，只有在文化传承创新的基础上，才有可能走向世界。

就当前的设计探索而言，诸多国家馆、案例馆以"生活更美好"为目标，展示了前沿创新的设计举措。其中尤其突出了对城市发展过程中人与自然、人与人、人与自我关系的把握。前者主要涉及生态问题，后二者主要是经济、文化和具体生活中人自身的关系协调。针对生态问题，上海世博会诸多案例馆在"低碳"基础上提出了"零碳"概念，多角度展示了设计的生态视野，具体展示和探讨了现代城市发展中的能源利用、垃圾处理以及绿化等问题。例如，瑞典马尔默案例馆即多角度展示了设计实现节能、设计促进环保、设计亲善自然的探索经验；伦敦案例馆以贝丁顿零碳社区为原型，结合上海气候特征，通过节能设施减少能源需求，采用可再生能源实现二氧化碳零排放。生态化设计成为城市规划发展的重要出发点。同时，诸多国家馆在建筑和展示内容上，也体现了设计的生态理念。以展馆建筑为例，许多国家展馆重视风能、太阳能的开发利用、水资源的循环处理以及建筑材料的回收利用，并从结构设计上降低能耗、体现了"环境友好"理念。建筑成为实践环保理念的重要内容。

就人与人、人与自我的关系而言,上海世博会的诸多展示体现了设计对经济转型、文化繁荣的协调作用。例如,德国杜塞尔多夫案例馆展示了杜塞尔多夫从工业制造重镇转向宜居生活中心,从制造、航运港区转向众多文化创意产业入驻的媒体港,从实体经济转向总部经济,在这一过程中,设计在一系列配套环节里发挥重要作用。西班牙巴塞罗那案例馆展示了创新区转型策略,用"知识密集型经济"取代传统的"劳动密集型经济",就此对一系列配套设施加以规划设计,开辟公共空间,建设高效网络系统,提供新型服务设施,创造城市居住、生产、服务功能新的平衡。因此,在"城市"主题中,关注求解住宅、交通等现实问题,也突出体现了优化生活方式的设计理念。

面向未来,上海世博会的展示主要体现了广阔的前瞻视野。例如,日本国家馆的"生活墙"、山东馆的"物联网",集成展示了科技、文化、服务体系的发展方向。使人们看到,便捷的生活不仅需要科技支持,还要有强大的服务网络和诚信机制作为支撑。因此设计在展示科技的同时,也阐释了公共服务、文化、道德的发展问题。

从另一个角度看,无论生态还是人文,和谐发展才能真正开启未来之路。就此,上海世博会展示的和谐文化景观主要体现为三种交流形态,即发掘展示本土文化、开展对话交流以及纯粹的理念展示。其中,本土文化展示很大程度上是对"自我"的展示;对话与交流大多围绕作为主办国的中国展开,体现为两者间的交流,纯粹的理念展示则超脱于具体的过往和成果,直接抛出概念和命题,高悬着供人解读和回味。应该说,对于本土文化的展示主要体现了设计的历史视野和承传创新能力,从生动运用标志文化元素的各国展馆,到思想文化的形象化展示,在科技与文化发展的背景下,设计对文化元素的撷取、对传统智慧的阐释,达到了相当高度。例如波兰的民间剪纸、俄罗斯的民族服饰、西班牙的舞蹈元素等,均通过提炼、应用、融汇成为展馆建筑的形式语言,形成的设计景观蔚为壮观。同时,在以中国为主要对象的对话性展示中,相似的文化元素、共通的文化精神有效地得到了发掘、阐释和演绎;在以英国国家馆为代表的纯粹理念展示中,相对于脉络化的梳理,更像一个截面,提供了广阔的阐释和解读空间。可以说,在世界范围的展示与交流中,关于融合、和谐、和睦的思想已达成共识并得到设计语言的有力诠释。如果说各领域的发展均植根于文化,那么文化的繁荣正是我们走向未来的基础,也是上海世博会所展示的设计视野。

三、2010 年上海世博会的设计启示

设计展示往往形诸具体形态,给人以深层启示的,是蕴藏其中的理念、技术和运作机制。从这个意义上说,上海世博会的设计启示主要体现在三方面,即设计贯彻可持续发展战略、设计引领科技创新、设计实行跨领域协作。

在战略层面,设计的根本目标不再是增进工业、商业等物质繁荣以获取更大的效益和更强的实力,而是着眼文明进步和社会发展,全面协调促进生态和谐、推动经济发展方式转变、促进

文化繁荣、优化生活方式,简言之,是"使生活更加美好"。正如社会学、经济学研究所指出的,"在文明早期,城市发展的重心主要在物质文明与政治文明。在当代城市的发展中,基础性的'物质文明建设'与基本的'政治、法律制度建设'已不再是城市文明发展的最高理想",和谐与幸福成为新的着眼点。尤其是"城市化"问题凸显出人与自然的关系问题,诸如环境污染、住房用水等资源紧张等,均促使人们进一步思考:"能不能用投入较少的资源,消耗较少的环境,获得民众较多的幸福和快乐?能不能在增加发展的正效应时,更着力于减少带来的负效应?能不能使民众在增加获得物质财富幸福快乐的同时,减少其带来的污染、不可持续、社会关系紧张等痛苦,使发展的幸福和快乐效应最大化?"所以,设计要致力于降低能源消耗,减少环境污染,实现低碳、环保,促进生态和谐。设计要具有宽广的文化视野,汲取传统智慧,促进文化繁荣,推动和谐发展,而非对抗或单一模式的复制。设计也要从创意层面,从规划发展的配套机制方面推动经济发展方式转型、促进产业结构调整,在设计产业以及城市发展规划中,发挥更广泛、更切实的衔接和促进作用。总而言之,设计前所未有地成为设计本身,关注并求解人类整体的发展主题,在宏观的发展战略指引下,渗透于各个领域,发挥具体的作用。

在技术层面,设计的作用在于引领科技创新。因为设计关切发展、承担使命、具有战略理念,它不再是技术的追随者,而是科技的开掘者和应用者,具有主导作用。以建筑设计为例,1851年伦敦世博会"水晶宫"的建造,开启了融合新技术、新材料,以建筑表达时代精神的传统,经过机械化、标准化以及运用钢铁、玻璃、混凝土诠释"工业文明"的时代,上海世博会对超轻发电膜、大豆纤维、可回收软木、标签纸等建筑材料的集中应用,对太阳能电池板、光电集成模块、新型温室绿叶植物的广泛应用,更凸显了建筑"生态时代"的到来。其进步意义在于,不是因为生产技术的提升演进提供了用于建筑的新技术、新材料,而是为了实现人与自然的亲善和谐、为了创造宜居生活环境而创造性地开发、运用新技术和新材料,在设计理念的导引下,科技、工艺也不只是单纯的工具,而承载了新的人文理想。

在实践机制层面,设计需要跨领域协作。例如,上海世博会的"城市"主题中,设计发挥着比通常意义上产品设计、展示设计更丰富的作用,体现出设计在经济转型、城市发展过程中与管理协作的战略共生关系。事实上,设计不再是单纯的工艺或艺术行为,甚至不只是设计师的行为,而是相关目标、相关主题下不同领域的综合协作。正如交通系统、城市住房、能源利用、生活环境的规划中,设计是相互联系的系统,而非孤立、具体的项目环节。从这个意义上看,设计不仅需要融合科学与艺术,加强相关领域协作,更要在整体的、系统化的规划构架中发挥作用,而这种协作机制本身就是设计的战略理念和科技引领作用得以实现的保证。

总体上说,世博会是设计的集成展示,集中体现了一个时代的设计如何承载传统、怎样应对现实,体现了一个时代的科学、文化、艺术融合发展的趋势。回顾世博会的设计,可以看到不同时期,工业或商业、生态或人文对设计的主导与推进,可以看到设计与技术、设计与管理的内在关系。如果说在社会的"现代化"进程中,随着人作为主体的独立,艺术、审美等人文领域从而拥有独立自主的内涵,那么此时,设计也因为关切人类整体命运、关切当前的生活和可持续的未来,从而获得了前所未有的独立性。标举和谐与可持续的理念,引领科技创新,通过全面高效的协作,切实促进生态与人文发展,创造更美好的生活——这是世博会设计的启示,也是设计发展的使命和动力,需要我们以行之久远的力量探索推进,真正实现设计在社会发展文明进步中应有的责任和担当。

(原载《美术观察》2010 年第 9 期)